Mesfin Tewolde
Jeff Smithers

# ENCAMINHAMENTO DE CHEIAS EM BACIAS HIDROGRÁFICAS NÃO AVALIADAS UTILIZANDO MÉTODOS MUSKINGUM

Mesfin Tewolde
Jeff Smithers

# ENCAMINHAMENTO DE CHEIAS EM BACIAS HIDROGRÁFICAS NÃO AVALIADAS UTILIZANDO MÉTODOS MUSKINGUM

ScienciaScripts

Cover image: www.ingimage.com

This book is a translation from the original published under ISBN 978-620-7-48887-2.

Publisher:
Sciencia Scripts
is a trademark of
Dodo Books Indian Ocean Ltd. and OmniScriptum S.R.L publishing group

120 High Road, East Finchley, London, N2 9ED, United Kingdom
Str. Armeneasca 28/1, office 1, Chisinau MD-2012, Republic of Moldova, Europe
Printed at: see last page
**ISBN: 978-620-7-95284-7**

# RESUMO

O nível do rio ou os caudais são necessários para a conceção e avaliação de estruturas hidráulicas. A maior parte dos troços de rio não estão medidos e é necessária uma metodologia para estimar os níveis ou caudais em locais específicos dos cursos de água onde não existem medições. As técnicas de encaminhamento de cheias são utilizadas para estimar os patamares, ou caudais, de modo a prever a propagação das ondas de cheia ao longo dos cursos de rio. Podem ser desenvolvidos modelos para as bacias hidrográficas medidas e os seus parâmetros relacionados com as caraterísticas físicas, tais como o declive, a largura e o comprimento do curso de água, de modo a que a abordagem possa ser aplicada a bacias hidrográficas não medidas na região.

O objetivo deste estudo é avaliar os métodos baseados em Muskingum para o encaminhamento de caudais em extensões de rios não galgados, tanto com como sem afluências laterais. Utilizando dados observados, os parâmetros do modelo foram calibrados para avaliar o desempenho dos procedimentos de encaminhamento de cheias de Muskingum, e o método Muskingum-Cunge foi então avaliado utilizando parâmetros derivados da bacia hidrográfica para utilização em troços de rios não galgados. Os parâmetros do Muskingum foram derivados de variáveis estimadas empiricamente e de variáveis estimadas a partir de secções transversais do rio assumidas dentro das extensões de rio selecionadas utilizadas.

Três sub-bacias na bacia hidrográfica de Thukela em KwaZulu-Natal, África do Sul, foram selecionadas para análise, com comprimentos de rio de 4, 21 e 54 km. O declive dos troços de rio e os comprimentos dos troços foram obtidos a partir de um modelo digital de elevação. Os coeficientes de rugosidade de Manning foram estimados a partir de observações de campo. As variáveis de fluxo, tais como a velocidade, o raio hidráulico, os perímetros molhados, a profundidade do fluxo e a largura do fluxo superior foram determinadas a partir de equações empíricas e secções transversais dos rios selecionados. Os influxos laterais para longas extensões de rios foram estimados a partir da equação de Saint-Venant.

Foram extraídos eventos observados para cada sub-bacia para avaliar o método de estimativa dos parâmetros de Muskingum-Cunge e o método de Muskingum de três parâmetros. Os eventos extraídos foram ainda analisados utilizando variáveis de caudal estimadas empiricamente. Os desempenhos dos métodos foram avaliados através da comparação gráfica e estatística dos hidrogramas simulados e observados. Foram efectuadas análises de sensibilidade utilizando três eventos selecionados e foi utilizada uma variação de 50% nas variáveis de entrada selecionadas para identificar variáveis sensíveis.

O desempenho do método calibrado de encaminhamento de cheias Muskingum-Cunge utilizando hidrogramas observados apresentou resultados aceitáveis. Por conseguinte, o método de encaminhamento de cheias de Muskingum-Cunge foi aplicado em bacias hidrográficas não avaliadas, com variáveis estimadas empiricamente. Os resultados obtidos mostram que os hidrogramas de escoamento calculados pelo método de Muskingum-Cunge, com as variáveis estimadas empiricamente e as variáveis estimadas a partir de secções transversais dos rios selecionados, resultaram em hidrogramas de escoamento calculados razoavelmente precisos no que diz respeito ao pico de descarga, ao momento do pico de descarga e ao volume.

A partir deste estudo, conclui-se que o método de Muskingum-Cunge pode ser aplicado para encaminhar inundações em bacias hidrográficas não cobertas pela rede de drenagem na bacia hidrográfica de Thukela e postula-se que o método pode ser utilizado para encaminhar inundações noutros rios não cobertos pela rede de drenagem na África do Sul.

# AGRADECIMENTOS

Gostaria de estender a minha sincera gratidão às pessoas e instituições cujo apoio e orientação foram fundamentais para a realização desta investigação:

Jeff Smithers e o Prof. Roland Schulze da Escola de Engenharia de Biorrecursos e Hidrologia Ambiental da Universidade de KwaZulu-Natal, pela sua inestimável supervisão e orientação durante todo o processo de investigação,

A Sra. Tinisha Chetty, pela sua cooperação e apoio, que facilitou grandemente o progresso deste trabalho,

Sr. Mark Horan, pela sua experiência e assistência com o software de cartografia GIS, que permitiu uma análise espacial abrangente essencial para o estudo,

A Sra. Manjulla Maharaj, pela sua proficiência em programação FORTRAN, contribuindo significativamente para os aspectos técnicos da investigação,

Dr. Fethi Ahmed e Sr. Riyad Ismail da Escola de Ciências Ambientais Aplicadas da Universidade de KwaZulu-Natal, pela sua orientação e disponibilização de recursos em estudos de SIG e hidrologia,

A equipa dedicada de bibliotecários da Universidade de KwaZulu-Natal, pela sua inestimável ajuda no acesso à literatura e aos recursos relevantes,

O Departamento de Recursos Hídricos e Florestas por fornecer dados essenciais sobre o caudal, melhorando a qualidade e a profundidade da investigação,

O Ministério da Agricultura da Eritreia e o gabinete do Programa de Desenvolvimento de Recursos Humanos da Eritreia da Universidade de Asmara, Eritreia, pelo seu apoio através do programa de bolsas de estudo,

O gabinete do Programa de Desenvolvimento de Recursos Humanos da Eritreia da Universidade de Asmara, Eritreia, e o generoso financiamento da Comissão de Recursos Hídricos, África do Sul, que tornou este estudo possível,

A Escola de Engenharia de Biorrecursos e Hidrologia Ambiental da Universidade de KwaZulu-Natal, pelo seu apoio e recursos contínuos ao longo de todo o projeto de investigação,

O meu sincero agradecimento aos meus pais e à minha família pelo seu inabalável encorajamento e crença na busca do conhecimento e da excelência, e

Por último, exprimo a minha gratidão ao Dr. Taddesse Kibreab, ao Sr. Amanuel Gebreyonas (MBA), ao Sr. Demeke Mahteme Tsige (Eng.) e a toda a comunidade da Escola de Engenharia de Bio-recursos e Hidrologia Ambiental pelo seu encorajamento e camaradagem ao longo desta jornada.

As vossas contribuições colectivas foram indispensáveis para a conclusão bem sucedida desta investigação e estou profundamente grato pelo vosso apoio.

# ÍNDICE DE CONTEÚDOS

# LISTA DE ABREVIATURAS

ACRU =Agricultural Catchment Research Unit

ASAE =Sociedade Americana de Engenheiros Agrónomos

ASCE = Sociedade Americana de Engenheiros Civis

AWRA = Associação Americana de Investigação da Água

DEM = Modelo Digital de Elevação

DWAF = Department of Water Affairs and Forestry (Ministério dos Recursos Hídricos e das Florestas )

SIG = Sistema de Informação Geográfica

HIS =Sistema de Informação Hidrológica

IAHR =Associação Internacional de Ciências Hidrológicas

KZN = KwaZulu-Natal

PAM = Precipitação média anual

MAR = Precipitação média anual

M-Cal =Muskingum-Cunge Calibrado

MC-E =Muskingum-Cunge com Equação Empírica

MC-X =Muskingum-Cunge com secções transversais assumidas

M-Ma =Método da matriz de Muskingum

MTU =Universidade Tecnológica de Michigan

NERC = Conselho de Investigação do Ambiente Natural

NRCS = Serviço de Conservação dos Recursos Naturais

RMSE = Erro quadrático médio

RSA = África do Sul da República

SAICEHS=Science Applications International Corporation Environmental & Ciências da Saúde

TASAE= Seminário Asiático de Tsukuba sobre Educação Agrícola

TASCE=Transação Sociedade Americana de Engenheiros Civis

USSCS= Serviço de Conservação do Solo dos Estados Unidos

REINO UNIDO = Reino Unido

EUA = Estados Unidos da América

# 1. INTRODUÇÃO

Tal como definido por Fread (1981) e Linsley *et al.* (1982), o traçado de cheias é um método matemático para prever a alteração da magnitude e da velocidade de uma onda de cheia à medida que esta se propaga pelos rios ou através de albufeiras. Foram desenvolvidas numerosas técnicas de encaminhamento de cheias, como os métodos de encaminhamento de cheias de Muskingum, que foram aplicadas com êxito a uma vasta gama de rios e albufeiras (França, 1985). De um modo geral, os métodos de encaminhamento de cheias são classificados em duas aplicações amplas, mas de algum modo relacionadas, nomeadamente o encaminhamento de albufeiras e o encaminhamento de canais abertos (Lawler, 1964). Estes métodos são frequentemente utilizados para estimar hidrogramas de entrada ou saída e taxas de pico de caudal em albufeiras, troços de rios, lagoas agrícolas, tanques, pântanos e lagos (NRCS, 1972; Viessman *et al.*, 1989; Smithers e Caldecott, 1995).

O traçado das inundações é importante na conceção de medidas de proteção contra as cheias para estimar a forma como as medidas propostas afectarão o comportamento das ondas de inundação nos rios, de modo a que possam ser encontradas soluções económicas e de proteção adequadas (Wilson, 1990). Em aplicações práticas, a previsão e avaliação do nível de inundação envolve duas etapas. Utiliza-se um modelo de encaminhamento de cheias para estimar o hidrograma de escoamento, encaminhando um evento de cheia de uma estação de medição de caudal a montante para um local a jusante. Em seguida, o hidrograma de inundação é introduzido num modelo hidráulico para estimar os níveis de inundação no local a jusante (Blackburn e Hicks, 2001).

Os procedimentos de encaminhamento de cheias podem ser classificados como hidrológicos ou hidráulicos (Choudhury *et al.*, 2002). Os métodos hidrológicos utilizam o princípio da continuidade e uma relação entre a descarga e o armazenamento temporário de volumes de água em excesso durante o período de cheia (Shaw, 1994). Os métodos hidráulicos de encaminhamento envolvem as soluções numéricas das equações de difusão convectiva ou das equações unidimensionais de Saint-Venant de um fluxo gradualmente variável e instável em canais abertos (França, 1985).

Devem ser considerados vários factores ao avaliar qual o método de encaminhamento mais adequado para uma determinada situação. De acordo com o US Army Corps of Engineers (1994a), os factores que devem ser considerados no processo de seleção incluem, *entre outros,* efeitos de remanso, planícies aluviais, declive do canal, caraterísticas do hidrograma, rede de escoamento, escoamento subcrítico e supercrítico. A seleção de um modelo de encaminhamento é também influenciada por outros factores, como a precisão requerida, o tipo e a disponibilidade de dados, os meios computacionais disponíveis, os custos computacionais, a extensão da informação sobre as ondas de cheia pretendida e a familiaridade do utilizador com um determinado modelo (NERC, 1975; Fread, 1981).

Os métodos hidráulicos descrevem geralmente o perfil da onda de inundação de forma mais adequada quando comparados com as técnicas hidrológicas, mas a aplicação prática dos métodos hidráulicos é limitada devido à sua elevada exigência em termos de tecnologia informática, bem como à quantidade e qualidade dos dados de entrada (Singh, 1988). Mesmo quando são introduzidas hipóteses simplificadoras e aproximações, as técnicas hidráulicas são complexas e frequentemente difíceis de aplicar (França, 1985). Estudos demonstraram que os hidrogramas de escoamento simulados a partir dos métodos de encaminhamento hidrológico têm sempre descargas de pico mais elevadas do que as dos métodos de encaminhamento hidráulico (Haktanir e Ozmen, 1997). No entanto, em aplicações práticas, os métodos de encaminhamento hidrológico são relativamente simples de implementar e razoavelmente exactos (Haktanir e Ozmen, 1997). Um exemplo de uma técnica simples de encaminhamento hidrológico de cheias utilizada em canais naturais é o método de encaminhamento de cheias Muskingum (Shaw, 1994).

Entre os muitos modelos utilizados para o encaminhamento de cheias em rios, o modelo Muskingum tem sido uma das ferramentas mais frequentemente utilizadas, devido à sua simplicidade (Tung, 1985). Tal como referido por Kundzewicz e Strupczewski (1982), o método Muskingum de encaminhamento de cheias tem sido amplamente aplicado em práticas de engenharia fluvial desde a sua introdução na década de 1930. A modificação e a interpretação dos parâmetros do modelo de Muskingum, em termos de caraterísticas físicas, alargam a aplicabilidade do método a rios não navegados (Kundzewicz e Strupczewski, 1982). A maior parte das bacias hidrográficas não são navegáveis, pelo que é necessária uma metodologia para calcular a propagação da onda de inundação ao longo de um curso de rio ou através de uma albufeira. Uma opção consiste em desenvolver modelos para bacias hidrográficas avaliadas e relacionar os seus parâmetros com as caraterísticas físicas (Kundzewicz, 2002). A abordagem para o encaminhamento de cheias pode então ser aplicada a bacias hidrográficas não avaliadas na região (Kundzewicz, 2002).

Neste estudo, o método de Muskingum-Cunge é adotado para estimar os parâmetros do modelo devido à sua simplicidade, bem como à sua capacidade de efetuar o encaminhamento de cheias em bacias hidrográficas não avaliadas, estimando os parâmetros do modelo a partir das caraterísticas do escoamento e do canal. O método de estimativa dos parâmetros de Muskingum-Cunge utiliza variáveis da bacia hidrográfica como a largura do topo do escoamento (W), o declive (S), a velocidade média ($V_{av}$), a descarga ($Q_0$), a celeridade ($V_w$) e o comprimento da bacia hidrográfica (L) para estimar os parâmetros do método de Muskingum.

Quando se efectua o encaminhamento de cheias em bacias hidrográficas não cobertas, os parâmetros do modelo devem ser estimados sem hidrogramas observados. O hidrograma de entrada pode ser gerado utilizando um modelo hidrológico como o modelo ACRU (Schulze, 1995). Para este estudo, os hidrogramas observados são utilizados para simular um hidrograma de escoamento.

Os objectivos do presente estudo são, assim, os seguintes

( i ) Avaliar o desempenho do método Muskingum, com e sem afluxo lateral, utilizando parâmetros calibrados.

( ii ) Avaliar o desempenho do método de Muskingum-Cunge em bacias hidrográficas não drenadas utilizando parâmetros derivados, derivados por:

(a) utilizando variáveis estimadas a partir de equações empíricas desenvolvidas para diferentes troços de rio, e

(b) utilizando variáveis estimadas a partir de secções transversais assumidas na extensão do rio.

Para compreender os métodos de encaminhamento de cheias de Muskingum, a literatura relevante foi revista e é apresentada no Capítulo 2. A revisão da literatura contida no Capítulo 2 inclui o método Muskingum básico, o método Muskingum-Cunge, o método Muskingum de Três Parâmetros, o método Muskingum Não-Linear e o método SCS Convexo, bem como as relações de descarga do canal. A seleção e localização da captação, a seleção do medidor, as descrições da captação e as análises dos dados de caudal estão incluídas no Capítulo 3. Os pormenores dos pressupostos utilizados na análise do caudal, as etapas de cálculo para estimar os parâmetros de encaminhamento das cheias do Muskingum e a metodologia adoptada no estudo constam do Capítulo 4. O desempenho do método Muskingum, tanto com parâmetros calibrados como em trechos de rio não medidos, e a sensibilidade dos parâmetros de encaminhamento de cheias Muskingum a diferentes variáveis da bacia hidrográfica são apresentados no Capítulo 5. A discussão dos diferentes métodos de encaminhamento de cheias do Muskingum e as conclusões constam do Capítulo 6. Finalmente, no Capítulo 7 são apresentadas recomendações para investigação futura.

# 2. MÉTODOS DE ENCAMINHAMENTO DO CANAL MUSKINGUM

O modelo Muskingum foi desenvolvido pela primeira vez por McCarthy (1938, citado por Mohan, 1997), para estudos de controlo de cheias na bacia do rio Muskingum em Ohio, EUA. Tal como referido por Choudhury *et al.* (2002) e Singh e Woolhiser (2002), este método continua a ser um dos métodos mais populares utilizados para o encaminhamento de cheias em vários modelos de bacias hidrográficas.

## 2.1O método básico de encaminhamento de cheias de Muskingum

Tipicamente, o hidrograma de afluência utilizado no traçado de cheias é derivado através da conversão de um estádio medido em descarga, utilizando uma curva de classificação em estado estacionário (Mutreja, 1986; Perumal e Raju, 1998; Moramarco e Singh, 2001).

Como ilustrado por Shaw (1994), o armazenamento num curso de rio pode ser categorizado em três formas, como ilustrado na Figura 2.1. Durante a fase ascendente de uma cheia no curso do rio, quando o caudal excede o caudal, o armazenamento em cunha deve ser adicionado ao armazenamento no prisma. Inversamente, durante a fase de descida, quando o caudal é inferior ao caudal, o armazenamento em cunha é negativo e subtraído do armazenamento no prisma para calcular o armazenamento temporário total no curso de água. Quando o caudal e o caudal são iguais numa extensão, apenas o armazenamento de prisma está presente no canal.

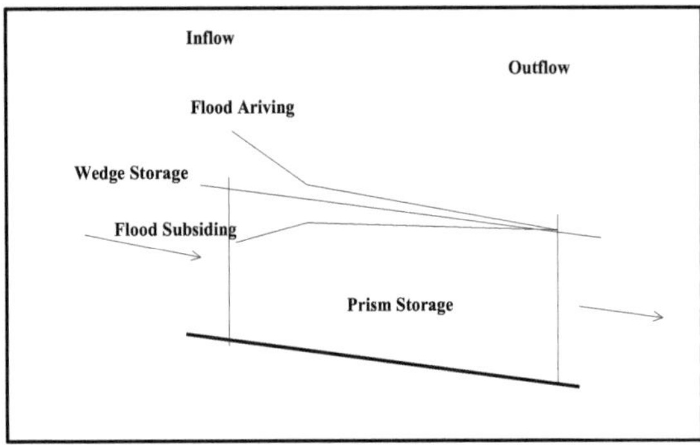


Figura 2.1 Armazenamento e caudal não estacionário (segundo Shaw, 1994) .

A Figura 2.2 ilustra um exemplo de hidrogramas de entrada e saída para e de um trecho com armazenamento em prisma. Num curso de rio caracterizado por uma secção transversal uniforme e declive constante, a velocidade permanece inalterada, indicando um fluxo uniforme (Chow, 1959). Nestes trechos, o pico do hidrograma de saída alinha-se com a curva de recessão do hidrograma de entrada (Shaw, 1994).

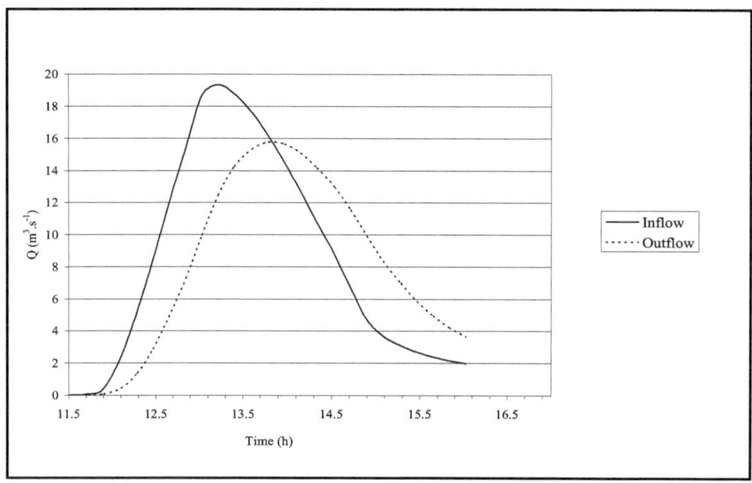


Figura 2.2 Exemplo de hidrogramas de entrada e de saída

De acordo com Tung (1985) e Fread (1993), a forma mais comum do modelo linear de Muskingum é expressa pelas seguintes equações

$$S_p = KQ_t \tag{2.1}$$

$$S_w = K(I_t - Q_t)X \tag{2.2}$$

onde

$S_p$ = armazenamento temporário do prisma [$m^3$],

$S_w$ = armazenamento temporário em cunha [$m^3$],

$I_t$ = a taxa de afluxo [$m^3.s^{-1}$] no tempo = t,

$Q_t$ = caudal [$m^3.s^{-1}$] no tempo = t,

K = a constante de tempo de armazenamento para o curso do rio, que tem um valor próximo do valor de

tempo de percurso da onda no curso do rio [s], e

X = um fator de ponderação que varia entre 0 e 0,5 [sem dimensão].

Combinando as Equações 2.1 e 2.2, obtém-se a equação básica de Muskingum, conforme indicado nas Equações 2.3a e 2.3b:

$$S_t = S_p + S_w \tag{2.3a}$$

$$S_t = K\,[XI_t + (1 - X)\,Q\,]_t \tag{2.3b}$$

onde

$s_t$ = armazenamento temporário do canal em [$m^3$ ] no momento t,

$S_p$ = armazenamento do prisma num momento t, e

$S_w$ = armazenamento em cunha num momento t.

Quando X = 0, a Equação 2.3 simplifica-se para St = $KQ_t$ , indicando que o armazenamento depende apenas do escoamento. Quando X = 0,5, é dado igual peso ao caudal de entrada e ao caudal de saída, resultando numa condição semelhante a uma onda uniformemente progressiva que não atenua (US Army Corps of Engineers, 1994a). Assim, 0,0 e 0,5 servem de limites para o valor de X, determinando o grau de atenuação de uma onda de inundação dentro deste intervalo à medida que passa através do troço de encaminhamento (US Army Corps of Engineers, 1994a).

Fread (1993) explicou que uma representação demasiado simplificada do caudal instável ao longo de um curso de escoamento pode ser vista como um processo concentrado, em que o caudal de entrada na extremidade a montante e o caudal de saída na extremidade a jusante do curso variam com o tempo. No encaminhamento de cheias do Muskingum, assume-se que o armazenamento no sistema em qualquer momento é proporcional a uma média ponderada de entradas e saídas de um determinado curso (Bauer, 1975).

De acordo com a equação da continuidade (Equação 2.4), a taxa de variação do armazenamento num canal ao longo do tempo é igual à diferença entre o afluxo e o escoamento (Shaw, 1994):

$$\frac{\Delta S_t}{\Delta t} = I_t - Q_t \tag{2.4}$$

onde

$\frac{\Delta S_t}{\Delta t}$ = a taxa de variação do armazenamento do canal em função do tempo.

A combinação e solução das Equações 2.3 e 2.4 em forma de diferenças finitas resulta nas conhecidas equações de encaminhamento do fluxo Muskingum apresentadas nas Equações 2.5 e 2.6.

$$Q_{j+1}^{t+1} = C_0 I_j^t + C_1 I_j^{t+1} + C_2 Q_{j+1}^t \tag{2.5}$$

onde

$Q_j^t$ = escoamento no tempo [t] da sub-rede $j^{th}$, e

$I_j^t$ = afluência no tempo [t] da sub-rede $j^{th}$.

Os três coeficientes ($C_0$, $C_1$, e $C_2$) são calculados da seguinte forma:

$$C_0 = (\Delta t + 2KX)/m \tag{2.6a}$$

$$C_1 = (\Delta t - 2KX)/m \tag{2.6b}$$

$$C_2 = (2K(1 - X) - \Delta t)/m \tag{2.6c}$$

$$m = 2K(1 - X) + \Delta t \tag{2.6d}$$

Aqui, $C_0$, $C_1$, e $C_2$ representam coeficientes determinados por funções de K, X, e um intervalo de tempo discretizado $\Delta t$. A soma de $C_0$, $C_1$, e $C_2$ é igual a um, pelo que, uma vez calculados $C_0$ e $C_1$, $C_2$ pode ser derivado como 1 - $C_0$ - $C_1$. Consequentemente, o caudal no final de um intervalo de tempo é a soma ponderada do caudal inicial e do caudal, bem como do caudal final

(Shaw, 1994). Estes três coeficientes ($C_0$ , $C_1$ , e $C_2$ ) permanecem constantes durante todo o processo de encaminhamento (Fread, 1993).

Como sugerido por Viessman *et al.* (1989), é importante evitar valores negativos para $C_1$ . Este facto é assegurado quando a Equação 2.7 é satisfeita. Valores negativos de $C_2$ , no entanto, não afectam os hidrogramas encaminhados durante as cheias (Viessman *et al.*, 1989).

$$\frac{\Delta t}{K} > 2X \quad (2.7)$$

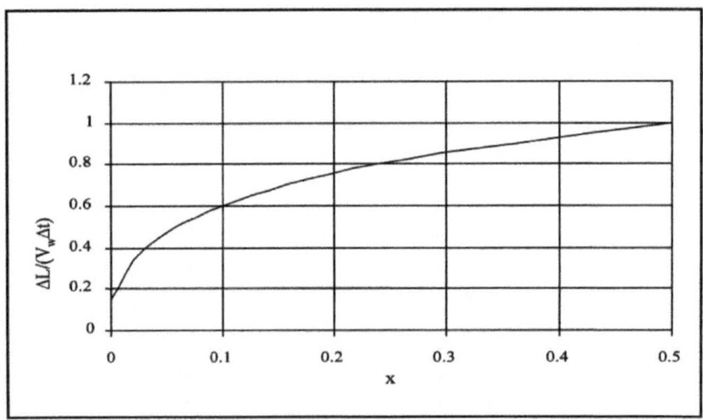


onde

Δ t = variação no tempo [s],

K = a constante de tempo de armazenamento para o curso do rio, que tem um valor próximo do valor de

tempo de percurso da onda no curso do rio [s], e

X = um fator de ponderação que varia entre 0 e 0,5 [sem dimensão].

Após a determinação do parâmetro X, o intervalo de tempo de encaminhamento deve ser verificado novamente usando a relação mostrada na Figura 2.3 (Cunge, 1969; citado por NERC, 1975).

Figura 2.3 Curva de Cunge (Cunge, 1969 citado por NERC, 1975).

O tempo $\Delta t$ é designado por período de encaminhamento e deve ser escolhido suficientemente pequeno para que a hipótese de linearidade do caudal no intervalo de tempo $\Delta t$ seja aproximada (Gill, 1992). Em particular, se $\Delta t$ for demasiado grande, o pico da curva de afluência pode não ser detectado, pelo que o período deve ser inferior a 1/5 do tempo de deslocação do pico de cheia através do troço (Wilson, 1990). De acordo com Viessman *et al.* (1989), a estabilidade teórica do método numérico é atingida se a Equação 2.8 for cumprida:

$$2KX \leq \Delta t \leq 2K(1 - X) \qquad (2.8)$$

Viessman *et al.* (1989) e Fread (1993) observaram que o intervalo de tempo de encaminhamento ($\Delta t$) é frequentemente atribuído a qualquer valor conveniente entre os limites de $(K/3) \leq \Delta t \leq K$. A análise de numerosas ondas de inundação sugere que o tempo que o centro de massa da onda de inundação demora a atravessar o trecho de montante a jusante é igual a K (Viessman *et al.*, 1989). O valor de K pode assim ser estimado utilizando dados de caudal e de caudal medidos e com muito maior facilidade e certeza do que o parâmetro X (Viessman *et al.*, 1989; Wilson, 1990). Entre outros factores numa bacia hidrográfica que influenciam o tempo de percurso (K), os mais importantes são: padrão de drenagem, geologia da superfície, tipo de solo, forma da bacia e cobertura vegetal (Bauer e Midgley, 1974). Nenhum destes factores é facilmente exprimível numericamente, mas os factores são largamente interdependentes e podem ser generalizados numa base regional (Bauer e Midgley, 1974). A maioria dos investigadores concorda que a eficácia do método de encaminhamento das cheias do Muskingum depende da exatidão da estimativa dos parâmetros K e X (Singh e McCann, 1980; Wilson e Ruffin, 1988).

Para determinar os parâmetros K e X utilizando os hidrogramas de entrada e saída observados, utiliza-se a Equação 2.5 (Shaw, 1994). Se os hidrogramas de entrada e saída observados estiverem disponíveis para o curso de água, e quando os hidrogramas de entrada e saída observados estiverem acessíveis para o curso de água e considerando que $S_t$ e $[XI_t + (1\text{-}X)\, Q_t\,]$ são assumidos como estando relacionados através da Equação 2.3, um procedimento gráfico para estimar os parâmetros K e X pode ser implementado assumindo diferentes valores de X

(Chow *et al.*, 1988). O valor aceite de X será então o valor de X que dá o melhor loop linear e mais estreito (Gill, 1978; Fread, 1993). Por exemplo, na Figura 2.4, K é considerado como o declive da linha reta do ciclo mais estreito X = 0,3 (Heggen, 1984). As deficiências do método gráfico incluem o tempo necessário para construir os gráficos para Xs alternativos, a subjetividade visual e a sensibilidade de X em alcances curtos (Heggen, 1984; O'Donnell *et al.*, 1988; Gelegenis e Sergio, 2000).

Figura 2.4 Circuitos de armazenamento de encaminhamento de rios (segundo Wilson, 1990).

O pico do escoamento não se situa na curva de recessão do caudal devido ao efeito do armazenamento em cunha nos cursos de água (Shaw, 1994). Como mostra a Figura 2.5, o hidrograma de escoamento simulado não é uma boa reconstrução do escoamento observado. Esta discrepância pode surgir quando as relações descritas na Equação 2.8, que regem a interação entre K, X e Δt, não são cumpridas (Gill, 1992).

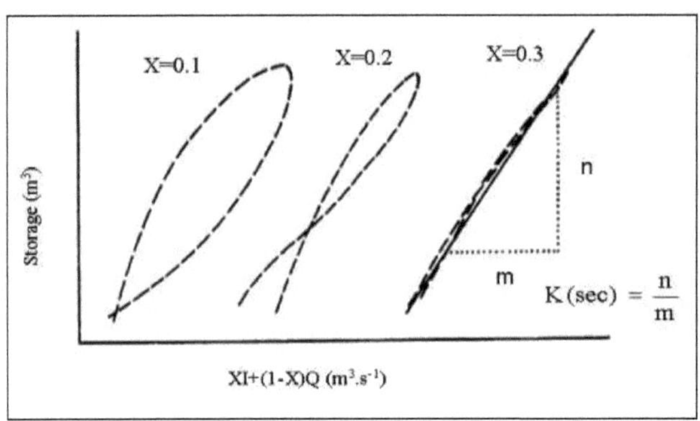

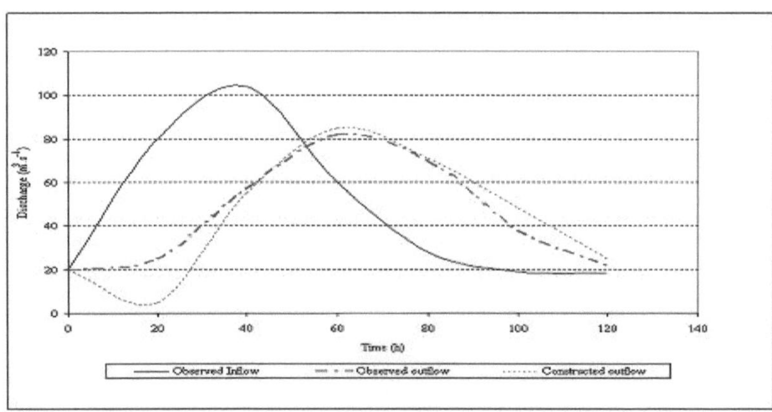


Figura 2.5 Hidrogramas encaminhados do Muskingum (segundo Shaw, 1994).

A formulação básica da equação de Muskingum é aplicável a um único curso de água sem afluxo lateral para o curso de encaminhamento (Choudhury *et al.*, 2002). Na maior parte dos rios, isto obriga a que os troços de encaminhamento sejam bastante curtos, terminando geralmente em afluentes, e exige que os caudais de afluentes medidos ou estimados sejam adicionados ao caudal do canal principal (O'Donnell, 1985). Se houver afluxo lateral sob a forma de afluentes substanciais, os troços de encaminhamento podem ser escolhidos para terminar numa confluência, aumentando o caudal do canal principal pelo caudal do afluente para o troço seguinte (O'Donnell, 1985). Tal como explicado por Fread (1993) e pelo US Army Corps of Engineers (1994a), o método Muskingum original está limitado a hidrogramas de subida moderada a lenta que são encaminhados através de canais de declive moderado a acentuado. O método não é aplicável a hidrogramas de subida acentuada, tais como rupturas de barragens e rupturas de gelo, em que predominam a aceleração e o momento, e o método negligencia os efeitos variáveis de remanso, tais como barragens a jusante, constrições, pontes e influências das marés (O'Donnell *et al.,* 1988; Gelegenis e Sergio, 2000).

Uma das desvantagens dos métodos hidrológicos de encaminhamento de caudais é o facto de assumirem uma relação única entre o nível e a descarga ao longo do curso de água, apesar de a mesma descarga poder ter níveis de cheia diferentes em níveis crescentes e decrescentes

(NERC, 1975). Este fenómeno é indicado graficamente na conhecida curva de classificação em laço, como se mostra na Figura 2.6.

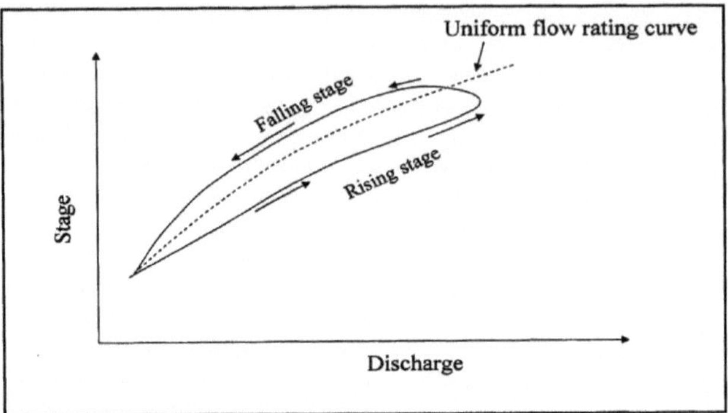


Figura 2.6 Curva de classificação do circuito (segundo NERC, 1975).

## 2.2 O Método de Estimativa de Parâmetros Muskingum-Cunge com Influxo Lateral

O método Muskingum original baseia-se na equação de armazenamento com os coeficientes K e X derivados por tentativa e erro (O'Donnell *et al.,* 1988; Gelegenis e Sergio, 2000). Ao contrário do método básico de Muskingum, em que os parâmetros são calibrados com base em dados de caudal observados, no método de Muskingum-Cunge os parâmetros são calculados com base no caudal e nas caraterísticas do canal (Ponce, 1989). Assim, na ausência de dados de caudal observados, o método de Muskingum-Cunge pode ser utilizado para a estimativa dos parâmetros (Smithers e Caldecott, 1993).

As equações 2.9 e 2.10 são utilizadas no método Muskingum-Cunge, de base física, para estimar os parâmetros K e X (Chow, 1959; Fread, 1993):

$$K = \frac{\Delta L}{V_w} \tag{2.9}$$

$$X = \frac{1}{2} - \frac{Q_0}{2SWV_w\Delta L} \tag{2.10}$$

onde

$Q_0$ = descarga de referência [$m^3.s^{-1}$],

S = declive do fundo do canal sem dimensão [$m.m^{-1}$],

$V_w$ = celeridade cinemática da onda [$m.s^{-1}$],

$\Delta L$ = comprimento do alcance do encaminhamento [m],

W = largura da superfície da água [m],

K = a constante de tempo de armazenamento para o curso do rio, que tem um valor próximo do valor de

tempo de percurso da onda no curso do rio [s], e

X = um fator de ponderação que varia entre 0,0 e 0,5 [sem dimensão].

Como visto nas Equações 2.9 e 2.10, os parâmetros Muskingum-Cunge K e X são obtidos usando variáveis tais como a largura do topo do rio, a celeridade da onda, a área da secção transversal do alcance, o comprimento do alcance e o declive do alcance. A relação entre os parâmetros Muskingum K e X e as caraterísticas da bacia hidrográfica torna o método Muskingum-Cunge adequado para aplicação em cursos de água não medidos (Ponce, 1989). O método de Muskingum-Cunge pode simular a celeridade e a difusão das ondas de cheia de uma forma prática e exacta (Ponce e Yevjevich 1978; Ponce *et al.,* 1996). Os modelos de encaminhamento de cheias de Muskingum não consideram os efeitos de remanso, nem são adequados para cursos de água com declives muito suaves, onde pode existir uma classificação fase-descarga em anel (Fread, 1981; Feng e Xiaofang, 1999).

De acordo com Wilson e Ruffin (1988), a descarga de referência pode ser estimada como

$$Q_0 = Q_b + 0.5(Q_p - Q_b) \tag{2.11}$$

onde

$Q_0$ = descarga de referência [$m^3.s^{-1}$],

$Q_b$ = caudal de base retirado do hidrograma de afluência [$m^3.s^{-1}$], e

$Q_p$ = pico de afluência [$m^3.s^{-1}$].

A celeridade cinemática da onda, definida como o declive da curva de classificação descarga-área, pode ser estimada utilizando a Equação 2.12 (Chow, 1959):

$$V_w = \left(\frac{\Delta Q}{\Delta A}\right) \quad (2.12)$$

onde

$\Delta A$ = alteração da área da secção transversal [$m^2$ ].

Em grandes bacias hidrográficas com afluência lateral ao caudal principal, o volume do hidrograma de escoamento pode exceder o volume de entrada. Por conseguinte, o afluxo lateral deve ser contabilizado e adicionado ao caudal principal da seguinte forma (NERC, 1975):

$$Q_{j+1}^{t+1} = C_0 I_j^t + C_1 I_j^{t+1} + C_2 Q_{j+1}^t + C_3 \quad (2.13)$$

A Equação 2.13 é uma extensão da Equação 2.5, uma vez que os parâmetros K e X são determinados, os coeficientes $C_0$ , $C_1$ e $C_2$ podem ser determinados a partir da Equação 2.6.

O coeficiente $C_3$ , calculado através da Equação 2.14, é adicionado como um termo de influxo lateral na Equação 2.13 (NERC, 1975):

$$C_3 = \frac{q^*\Delta t^*\Delta L}{2K(1-X)+\Delta t} \quad (2.14)$$

Os caudais associados ao afluxo lateral que não são encaminhados para o canal principal podem ser incorporados utilizando as Equações 2.14 e 2.15 (Fread, 1993). Assume-se que o caudal lateral total por unidade de comprimento tem uma distribuição temporal ao longo do curso, especificada em intervalos de $\Delta t$ (NERC, 1975). Os efeitos de remanso não são tidos em conta, e assume-se que os caudais laterais entram proporcionalmente ao longo do curso principal (Fread, 1993).

A equação de Saint-Venant para escoamento gradualmente variável em canais abertos é dada da seguinte forma (NERC, 1975):

$$q = \frac{\Delta A}{\Delta t} + \frac{\Delta Q}{\Delta L} \quad (2.15a)$$

onde

$q$ = influxo lateral [$m^2 .s^{-1}$ ] por unidade de comprimento (m) no tempo t [s],

$\Delta Q$ = variação da descarga [$m^3 .s^{-1}$ ],

$\Delta t$ = variação no tempo [s], e

$\Delta L$ = variação do comprimento [m].

Fread (1998) aproximou os termos da Equação 2.15a como:

$$\frac{\Delta A}{\Delta t} \cong \frac{\frac{A_j^{t+1}+A_{j+1}^{t+1}}{2} - \frac{A_j^t+A_{j+1}^t}{2}}{\Delta t} \quad (2.15b)$$

$$\frac{\Delta Q}{\Delta L} \cong \frac{\beta\left(Q_{j+1}^{t+1}-I_j^{t+1}\right)+(1-\beta)\left(Q_{j+1}^t-I_j^t\right)}{\Delta L} \quad (2.15c)$$

onde

$\beta$ = fator de ponderação, que se situa entre 0,5 - 1 (Fread, 1998), e

$A_j^t$ = área da secção transversal [$m^2$ ] no tempo [t] da sub-alcance j [th] .

Assim, o caudal lateral por unidade (q) pode ser calculado a partir de:

$$q = \frac{\frac{A_j^{t+1}+A_{j+1}^{t+1}}{2} - \frac{A_j^t+A_{j+1}^t}{2}}{\Delta t} + \frac{\beta\left(Q_{j+1}^{t+1}-I_j^{t+1}\right)+(1-\beta)\left(Q_{j+1}^t-I_j^t\right)}{\Delta L} \quad (2.15d)$$

Quando o rácio entre o afluxo lateral e o caudal principal é demasiado grande, podem surgir dificuldades numéricas na resolução da Equação 2.15c. O aumento do comprimento do trajeto ($\Delta L_j$ ) do troço especificado pode resolver as dificuldades numéricas (Fread, 1993).

No traçado do canal, o tempo de viagem através de um trecho de rio pode ser maior do que o intervalo de traçado $\Delta t$ selecionado para cumprir os limites da Equação 2.8. Quando tal ocorre, o canal deve ser dividido em sub-ramais com etapas de encaminhamento mais pequenas para simular o movimento das ondas de cheia e as alterações na forma do hidrograma (US Army Corps of Engineers, 1994a). Uma estimativa inicial do número de etapas de encaminhamento pode ser obtida dividindo o tempo total de deslocação (K) pelo tempo do intervalo de encaminhamento ($\Delta t$). De acordo com o US Army Corps of Engineers (1994a), uma regra geral é que o intervalo de cálculo deve ser inferior a 1/5 do tempo de subida do hidrograma de afluência. Tal como referido por Reed (1984), os passos espaciais e temporais escolhidos devem aproximar-se da Equação 2.16a:

$$\Delta t \geq \frac{1.625\mu}{V_w} \text{ e } \frac{2.6\mu}{V_w} \leq \Delta L \leq 1.6 V_w \Delta t \qquad (2.16a)$$

onde

$$\mu = \frac{Q_0}{2WS}$$

μ = difusividade hidráulica [$m^2.s^{-1}$ ],

$Q_0$ = descarga de referência [$m^3.s^{-1}$ ],

W = largura do escoamento superior em [m], e

S = declive inferior [$m.m^{-1}$ ].

Fread (1993) também sugeriu que o comprimento pode ser estimado a partir da Equação 2.16b.

$$\Delta L \cong 0.5 V_w \Delta t \left[1 + \left(1 + 1.5 \frac{Q_0}{V_w^2 S \ \ \Delta t}\right)^{1/2}\right] \qquad (2.16b)$$

## 2.3O Procedimento Muskingum de Três Parâmetros com Fluxo Lateral

O procedimento de Muskingum de três parâmetros é um método baseado no modelo de Muskingum de três parâmetros, em que os dois parâmetros convencionais são aumentados por um terceiro parâmetro para ter em conta o caudal lateral no curso de água (O'Donnell *et al.*, 1988). O'Donnell (1985) introduziu um terceiro parâmetro (α), assumindo uma relação direta entre o afluxo lateral e o caudal do canal principal. A Figura 2.7 ilustra o modelo de afluxo lateral. No método de Muskingum de três parâmetros, o parâmetro (α) é multiplicado pelo termo de afluência do curso de água e adicionado como afluência lateral ao caudal principal, como se mostra na Equação 2.17:

$$I_t(1 + \alpha) = Q_t + \frac{dS}{dt} \qquad (2.17)$$

e

$$S_t = K[X(1 + \alpha)I_t + (1 - X)Q_t] \qquad (2.18)$$

Figura 2.7 Modelo de afluxo lateral (segundo O'Donnell *et al.*, 1988).

Na formulação matricial, a Equação 2.5 do encaminhamento básico de Muskingum pode ser escrita como (O'Donnell, 1985):

$$|Q_{t+1}| = |I_t, I_{t+1}, Q_t| * |d_i| \qquad (2.19)$$

onde

$Q_{t+1}$ = escoamento em [$m^3.s^{-1}$ ] para o passo de tempo t+1,

$I_t$ = afluxo para o passo de tempo t [$m^3.s^{-1}$ ],

$I_{t+1}$ = afluência para o passo de tempo t+1 [$m^3.s^{-1}$ ], e

$d_i$ = o coeficiente i[th] [sem dimensões], $0 < i \leq 3$.

A inversão da matriz utilizando a solução dos mínimos quadrados da Equação 2.19 produz os três coeficientes $d_i$ e, por conseguinte, os parâmetros K e X (O'Donnell *et al.* 1988). Os coeficientes $d_i$ são adequados para a reconstrução de um hidrograma de escoamento utilizando a Equação 2.19.

Como observaram O'Donnell *et al.* (1988), os três parâmetros K, X e α podem ser derivados de equações em que os dois conjuntos ($d_0$ , $d_1$ , $d_2$ e K, X, α) de parâmetros estão diretamente ligados, como mostra a Equação 2.20.

$$d_0 = (1+\alpha)\,(\Delta t + 2KX)/N = (1+\alpha)C_0 \qquad (2.20a)$$

$$d_1 = (1+\alpha)\,(\Delta t - 2KX)/N = (1+\alpha)C_1 \qquad (2.20b)$$

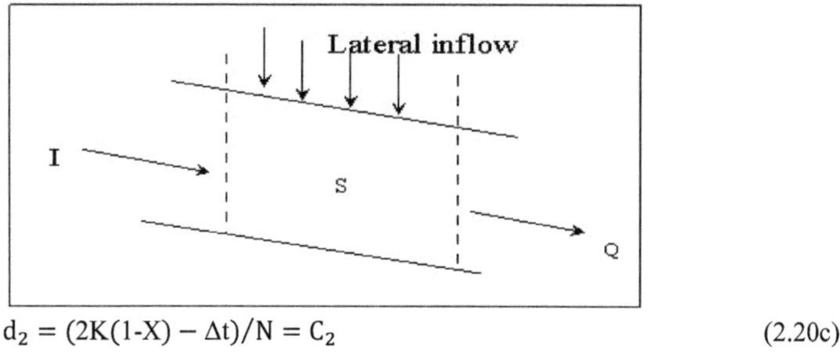


$$d_2 = (2K(1-X) - \Delta t)/N = C_2 \qquad (2.20c)$$

$$N = 2K(1 - X) + \Delta t \tag{2.20d}$$

e

$$K = \Delta t \left(\frac{d_0 + d_1 d_2}{(1 - d_2)(d_0 + d_1)}\right) \tag{2.21a}$$

$$X = \frac{1}{2}\left(1 - \frac{d_1 + d_0 d_2}{d_0 + d_1 d_2}\right) \tag{2.21b}$$

$$\alpha = \frac{(d_0 + d_1 + d_2 - 1)}{(1 - d_2)} \tag{2.21c}$$

onde

K = tempo de percurso da onda [s],

X = parâmetro de ponderação [sem dimensão],

$\Delta$ t = passo de tempo[s],

$\alpha$ = o terceiro parâmetro alargado [sem dimensões],

$d_i$ = o coeficiente $i^{th}$ [sem dimensões], $0 < i \leq 3$e

$C_i$ = o coeficiente $i^{th}$ [sem dimensão],$0 < i \leq 3$.

Tal como referido por O'Donnell (1985), se não houver influxo lateral, então $\alpha$ é igual a zero; quando há um escoamento lateral, $\alpha$ teria um valor negativo.

Este método modificado apresenta três outras vantagens (O'Donnell, 1985):

(i) Substitui a tediosa e subjectiva estimativa gráfica de tentativa e erro dos valores dos parâmetros K e X por uma técnica numérica e direta de solução de melhor ajuste,

(ii) Ao tratar todo o rio como um único curso, elimina a necessidade de múltiplos percursos e múltiplas determinações de parâmetros em numerosos sub-trechos, e

(iii) Acomoda o influxo lateral, se presente, e determina diretamente os coeficientes de encaminhamento.

A análise matricial e o modelo simples de afluxo lateral foram aplicados por O'Donnell (1985) a um evento de teste padrão e a vários eventos em dois rios no Reino Unido, com um sucesso razoavelmente encorajador (O'Donnell, 1985). Um resumo deste estudo é apresentado na secção 2.4.

Aldama (1990) introduziu o método de O'Donnell, eliminando $C_0$ na Equação 2.5 do percurso de Muskingum e o caudal estimado é calculado como

$$Q_{j+1} = I_{j+1} + C_1(I_j - I_{j+1}) + C_2(Q_j - I_{j+1}) \tag{2.22a}$$

A solução de mínimos quadrados derivada por Aldama (1990) é:

$$C_1 = D^{-1}\begin{Bmatrix} [\sum_{j=1}^{N}(Q_j - I_{j+1})^2][\sum_{j=1}^{N}(I_j - I_{j+1})(Q_{j+1} - I_{j+1})] \\ -[\sum_{j=1}^{N}(I_j - I_{j+1})(Q_j - I_{j+1})][\sum_{j=1}^{N}(Q_j - I_{j+1})(Q_{j+1} - I_{j+1})] \end{Bmatrix} \tag{2.22b}$$

$$C_2 = D^{-1}\begin{Bmatrix} [\sum_{j=1}^{N}(I_j - I_{j+1})^2][\sum_{j=1}^{N}(Q_j - I_{j+1})(Q_{j+1} - I_{j+1})] \\ -[\sum_{j=1}^{N}(I_j - I_{j+1})(Q_j - I_{j+1})][\sum_{j=1}^{N}(I_j - I_{j+1})(Q_{j+1} - I_{j+1})] \end{Bmatrix} \tag{2.22c}$$

onde

$$D = \begin{Bmatrix} [\sum_{j=1}^{N}(I_j - I_{j+1})^2][\sum_{j=1}^{N}(Q_j - I_{j+1})^2] \\ -[\sum_{j=1}^{N}(I_j - I_{j+1})(Q_j - I_{j+1})]^2 \end{Bmatrix} \tag{2.22d}$$

Reduzir o termo $C_o$ nas soluções derivadas de Aldama (1990) diminui as variáveis de modo a que os parâmetros K e X possam ser determinados apenas a partir de $C_1$ e $C_2$ , como se mostra abaixo:

$$K = \frac{C_1 + C_2}{1 - C_2}\Delta t \tag{2.22e}$$

e

$$X = 1 - \frac{1 + C_2}{2(C_1 - C_2)} \tag{2.22f}$$

**2.4Aplicação do Modelo Muskingum de Três Parâmetros (Matriz)**

Num estudo efectuado em dois rios britânicos, o Wye (75 km de extensão) e o Wyre (25 km de extensão), O'Donnell *et al.* (1988) demonstraram a dependência do parâmetro α em relação a inundações individuais e recomendaram a realização de mais estudos para investigar os valores de $\alpha$ em relação à distribuição da precipitação. A ampla gama de valores de $\alpha$ para diferentes hidrogramas implica um comportamento de drenagem radicalmente diferente da bacia e/ou padrões de distribuição espacial das tempestades. Outras observações do estudo incluem o seguinte:

(i) Para as pequenas inundações, o método dos três parâmetros parece ter um mecanismo de encaminhamento das inundações muito diferente do que funciona para as grandes inundações, e

(ii) O momento do pico de descarga e a magnitude do hidrograma de escoamento reconstruído para o caudal total do rio nas margens foram mais pobres em comparação com os hidrogramas com caudal nas margens.

Uma possível razão para esta diferença de tempo e magnitude é que o tempo de deslocação para os picos de cheia é frequentemente muito mais longo para os eventos fora das margens do que para os que ocorrem dentro das margens (O'Donnell *et al.,* 1988). Além disso, para o modelo de três parâmetros ajustado a cada um dos eventos individuais, o caudal de pico dos hidrogramas reconstruídos foi inferior aos valores de pico observados. Na maioria dos casos, o momento do pico de escoamento reconstruído foi mais cedo do que o observado.

O procedimento seguinte é necessário para aplicar o modelo de três parâmetros (O'Donnell *et al.,* 1988):

(i) Estimar os melhores coeficientes de encaminhamento ($d_0$ , $d_1$ e $d_2$ ) utilizando a Equação 2.20 para os dados observados de afluxo e de escoamento,

(ii) Reconstruir os hidrogramas de escoamento com base nos coeficientes estimados,

(iii) Estimar os parâmetros do modelo (K, X e $\alpha$) utilizando a Equação 2.21, e

(iv) Avaliar o modelo utilizando os parâmetros calibrados em acontecimentos não utilizados no processo de calibração.

A aplicação do método dos três parâmetros requer a observação de hidrogramas de entrada e saída para estimar inicialmente os parâmetros do modelo (K, X e $\alpha$). Os parâmetros K, X e $\alpha$

de uma bacia hidrográfica no método de três parâmetros de Muskingum devem ser calibrados utilizando diferentes eventos que necessitem de muitos anos de hidrogramas de entrada e saída observados, uma vez que a calibração com eventos específicos pode dar parâmetros erróneos para uma determinada bacia hidrográfica (O'Donnell *et al.*, 1988).

## 2.5O Método de Muskingum não linear

Reconhece-se que a relação entre armazenamento e caudal ponderado nem sempre é linear, como se depreende da Equação 2.3. Se a relação for não linear, a utilização da Equação 2.3 introduz um erro considerável (Gill, 1978).

Mohan (1997) propôs as Equações 2.23 e 2.24, que utilizam um modelo Muskingum não linear em situações em que a relação armazenamento versus caudal ponderado é não linear:

$$S = K[XI_t + (1 - X)Q_t]^n \tag{2.23}$$

$$S = K[XI_t{}^m + (1 - X)Q_t{}^m] \tag{2.24}$$

onde

n = expoente [sem dimensão], e
m = expoente [sem dimensão].

As equações 2.23 e 2.24 têm mais graus de liberdade em comparação com a equação 2.3 e, por conseguinte, devem permitir um ajuste mais próximo da relação não linear entre o armazenamento e a descarga. No entanto, devido à presença de não linearidade na equação, o procedimento de calibração é complexo (Gill, 1978; Mohan, 1997).

## 2.6O Método Convexo SCS

O Serviço de Conservação do Solo dos EUA (SCS) desenvolveu uma técnica de encaminhamento do canal de coeficiente semelhante ao método Muskingum. Tem sido amplamente utilizada no planeamento de projectos e é utilizada com sucesso mesmo quando estão disponíveis dados de armazenamento limitados para o alcance (Viessman *et al.,* 1989).

A teoria do método SCS Convexo baseia-se no seguinte princípio: quando uma cheia passa por um curso de água natural que tem afluências locais ou perdas de transmissão negligenciáveis, existe um comprimento de alcance (ΔL) e um intervalo de tempo (Δt) tais que a descarga ($Q_{t+1}$ ) cai entre a entrada ($I_t$ ) e a saída ($Q_t$ ), como se mostra na Figura 2.8 (NRCS, 1972; Viessman *et al.,* 1989). As equações 2.25 e 2.26 são algoritmos para as fases de subida e descida do hidrograma, respetivamente (NRCS, 1972):

$$\text{Se } I_t \geq Q_t \text{ então, } I_t \geq Q_{t+1} \geq Q_t \tag{2.25}$$

$$\text{Se } I_t \leq Q_t \text{ então, } I_t \leq Q_{t+1} \leq Q_t \tag{2.26}$$

Como explicado pelo NRCS (1972) e Viessman *et al.* (1989), a equação de trabalho para o Método Convexo é derivada da Figura 2.8. Os volumes totais de entrada e de saída são iguais; por conseguinte, a área sob os hidrogramas de entrada e de saída são iguais. O pico de escoamento é mais pequeno e ocorre mais tarde do que o pico de afluxo e as curvas cruzam-se num determinado ponto, A, como mostra a Figura 2.8. Isto significa que, à medida que $Q_{t+1}$ se situa entre It e $Q_t$ em qualquer momento, a distância vertical de $Q_{t+1}$ acima de $Q_t$ ou abaixo de Qt no lado direito de A é uma fração ($C_t$ ) da diferença ($I_t$ - $Q_t$ ), como se mostra na figura 2.8. A partir das relações de semelhança de triângulos, as Equações 2.27 e 2.28 podem ser derivadas.

$$Q_{t+1} = Q_t + C_t (I - Q)_{tt} \tag{2.27}$$

e

$$C_t = \frac{Q_{t+1} - Q_t}{I_t - Q_t} \tag{2.28}$$

onde

$Q_t$ = escoamento no tempo t [$m^3 .s^{-1}$ ],

$Q_{t+1}$ = vazão no tempo t+1 [$m^3 .s^{-1}$ ],

$I_t$ = afluência no tempo t [$m^3 .s^{-1}$ ],

$Ct = \Delta t/K$ [sem dimensões],

$\Delta t$ = variação no tempo [s], e

K = constante de armazenamento [s].

De acordo com NRCS (1972) e Viessman *et al.* (1989), K é um parâmetro de armazenamento constante com unidades de tempo e pode ser aproximado a partir do método de Muskingum. Da mesma forma, $C_t$ é aproximadamente o dobro do Muskingum X.

Figura 2.8 Traçado de canais utilizando o método Convex (segundo NRCS, 1972).

A Equação 2.27 é, portanto, uma equação de trabalho para traçar todo o hidrograma de afluência, uma vez que $C_t$ é estabelecido usando a Equação 2.28.

O método convexo de encaminhamento só é válido se $C_t$ se situar entre 0,0 e 1,0 e, mais importante ainda, $Q_{t+1}$ deve estar sempre entre o caudal de saída $Q_t$ e o caudal de entrada $I_t$. O primeiro pode ser controlado através da seleção de $\Delta t$, e o último requisito é satisfeito pela

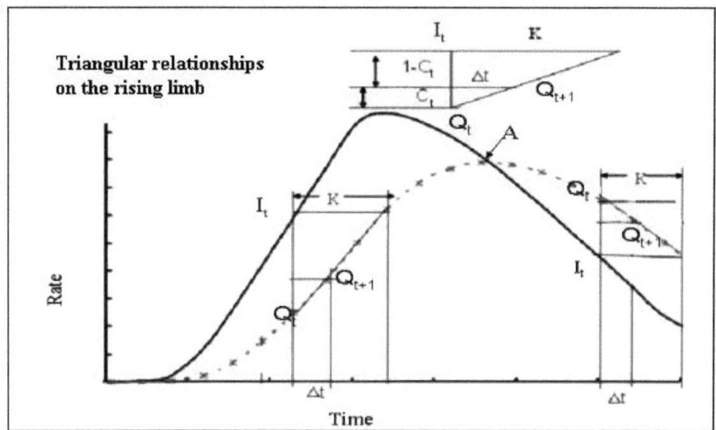


teoria matemática resultante da análise de conjuntos convexos (NRCS, 1972; Viessman *et al.*, 1989).

Ao contrário de outros métodos de encaminhamento, a equação do método convexo para $Q_{t+1}$ é independente de $I_{t+1}$. Assim, o procedimento pode ser utilizado para prever o escoamento de um curso de água sem conhecer o caudal simultâneo. Isto proporciona um método de aviso de cheias com um tempo de antecedência de pelo menos o tempo de encaminhamento $\Delta t$ (Viessman *et al.,* 1989).

## 2. 7Relações de descarga e canal

Tal como sugerido por Clark e Davies (1988), os rios têm uma relação única entre o caudal e as dimensões do canal, embora se verifiquem semelhanças entre rios da mesma região com materiais de leito e margens semelhantes e cargas de sedimentos semelhantes. Quando os dados são limitados, são necessárias relações para relacionar as dimensões do canal com as variáveis disponíveis. Das muitas equações de tipo de regime que têm sido propostas, as que relacionam a largura do canal (b) com a descarga dominante têm sido geralmente consideradas as mais robustas na aplicação aos rios para os quais foram desenvolvidas. Estas são principalmente da forma como na Equação 2.29:

$$b = zQ^m \quad (2.29)$$

onde

b = largura da base [m], e

Q = descarga total do banco [$m^3.s^{-1}$].

Os coeficientes z e m são estimados empiricamente. Os valores de z e m de vários estudos para rios com leito de cascalho são apresentados no quadro 2.1.

Quadro 2.1 Coeficientes da equação 2.29 (segundo Clark e Davies, 1988).

| Referências | z | m |
|---|---|---|
| Nixon (1959) | 2.99 | 0.50 |
| Simons e Albertson (1963) | 2.85 | 0.50 |
| Kellerhals (1976) | 3.26 | 0.50 |
| Charlton *et al.* (1979) | 3.74 | 0.45 |
| Bray (1982) | 4.75 | 0.53 |
| Hey e Thorne (1987) | 3.67 | 0.45 |

Clark e Davies (1988) estabeleceram uma relação entre o declive e a descarga total da margem para os canais wadi em condições desérticas, apresentada na Equação 2.30.

$$S = 0{,}012Q^{-0.44} \tag{2.30}$$

onde

S = declive do curso [m/m], e

Q = descarga total do banco [$m^3.s^{-1}$].

A relação entre o perímetro molhado (P) e a descarga (Q) foi desenvolvida para canais largos e estáveis em Punjab, Índia, por Lacey (1930, 1947, citado por Punmia e Pande, 1981). Tal como referido por Klaassen e Vermeer (1988) e Garg (1992), a fórmula foi aplicada em esquemas fluviais em parte da Índia e do Paquistão. A teoria do regime tem sido relativamente bem sucedida na Índia e no Paquistão no projeto de canais de irrigação estáveis sob regimes naturais (Savenije, 2003).

A equação de Lacey é dada por Lacey (1930, 1947; citado por Punmia e Pande, 1981), como

$$R = 0.47\left(\frac{Q}{f}\right)^{1/3} \tag{2.31a}$$

$$P = c\sqrt{Q} \tag{2.31b}$$

onde

P = perímetro molhado [m],

R = raio hidráulico [m],

f = fator de silte [mm], normalmente ~1,

c = coeficiente [entre 4,71- 4,81], e

Q = descarga [$m^3.s^{-1}$].

Tal como sugerido por Chow (1959), as dimensões do canal para o fator de secção apresentado na Equação 2.32a podem ser determinadas a partir de uma curva de profundidade normal desenvolvida para secções rectangulares, trapezoidais e circulares, tal como indicado na Figura A.1 (Apêndice A). Para uma dada largura de fundo (b), a profundidade do escoamento, a área e o raio hidráulico correspondentes podem ser calculados a partir da curva.

$$AR^{2/3} = \frac{Qn}{\sqrt{S}} \qquad (2.32a)$$

onde

A = área de escoamento [$m^2$ ],

n = coeficiente de rugosidade de Manning [sem dimensões],

R = raio hidráulico [m],

Q = descarga [$m^3 .s^{-1}$ ], e

S = declive do leito do rio [m/m].

A equação de Manning é dada como (Chow, 1959):

$$V_{av} = \frac{1}{n} R^{2/3} \sqrt{S} \qquad (2.32b)$$

onde

$V_{av}$ = velocidade média [$m.s^{-1}$ ].

A equação 2.33 é uma relação empírica recomendada pelo US Reclamation Service (Etcheverry, 1915, citado por Chow, 1959):

$$y = 0.5\sqrt{A} \qquad (2.33)$$

onde

y = profundidade do escoamento [m], e

A = área do escoamento [$m^2$ ].

## 2. 8Encaminhamento de cheias em rios não medidos

Tal como referido pelo US Army Corps of Engineers (1994a), foram desenvolvidos vários modelos de escoamento de cheias com base nas leis da termodinâmica e nas leis da conservação da massa, do momento e da energia. Outros modelos são modelos empíricos que são relações numéricas derivadas de eventos observados. O modelo de encaminhamento Muskingum-Cunge utiliza a geometria do canal, o comprimento do curso, o coeficiente de rugosidade e o declive para estimar os parâmetros do modelo. Por conseguinte, o método Muskingum-Cunge pode ser utilizado para a análise do encaminhamento de cheias numa bacia hidrográfica não coberta por rede de drenagem.

O problema de estimar as magnitudes das cheias em bacias não avaliadas é um problema que surge frequentemente (Herbst, 1968). Como explicado por Kundzewicz (2002), as bacias não avaliadas incluem bacias que são genuinamente não avaliadas, mal avaliadas, ou aquelas anteriormente avaliadas e onde a monitorização foi descontinuada. Se não existirem registos de caudal de uma bacia hidrográfica, devem ser utilizados métodos que não exijam a disponibilidade de registos hidrológicos observados para estimar os parâmetros do modelo (Linsley *et al.,* 1982).

De acordo com o US Army Corps of Engineers (1994a), em canais com declives suaves e caudais fora das margens, X será mais próximo de 0,0. Para cursos de água mais íngremes, com canais bem definidos e caudais dentro das margens, X estará mais próximo de 0,5. A maioria dos canais naturais situa-se algures entre estes dois limites.

## 2.9Factores que influenciam o encaminhamento da inundação

Os factores que influenciam a aplicação prática do método de encaminhamento de cheias do Muskingum devem ser considerados nas técnicas de estimativa de parâmetros. Variáveis como o declive, o efeito de remanso e o coeficiente de rugosidade de Manning (n) têm efeitos significativos nas aplicações de encaminhamento de cheias. As secções seguintes resumem estes efeitos e limitações.

### 2.9. 1Declive

De acordo com a Equação de Manning (2.32b), as alterações no declive do canal têm um impacto direto na velocidade do escoamento, afectando subsequentemente o tempo de atraso e a forma do hidrograma. Por conseguinte, ao aplicar técnicas de encaminhamento de cheias, estas variáveis devem ser cuidadosamente consideradas para obter estimativas fiáveis dos parâmetros de encaminhamento.

Chow (1959), Fread (1993), e o US Army Corps of Engineers (1993) classificam os declives dos rios como suaves, íngremes ou críticos. Um declive crítico marca o ponto em que uma mudança na energia potencial, e não na altura de escoamento, induz a velocidade crítica. Os declives são considerados suaves quando são menores do que o declive crítico e íngremes quando são maiores. Um declive negativo indica uma subida do leito do rio a jusante. A análise de caudal constante é tipicamente adequada para declives superiores a 95 $x10^{-5}$ m/m. As condições de escoamento podem ainda ser classificadas com base no número de Froude (definido na Equação 2.34) como subcríticas, críticas ou supercríticas (Chow, 1959; Fread, 1993; US Army Corps of Engineers, 1993; Koegelenberg *et al.*, 1997).

O número de Froude é estimado da seguinte forma,

$$F = \frac{V_{av}}{\sqrt{gc}} \tag{2.34}$$

onde

F = Número de Froude [sem dimensão],

$V_{av}$ = velocidade média do escoamento no canal [$m.s^{-1}$ ],

g = aceleração devida à gravidade [$m.s^{-1}$ ], e

c = comprimento das caraterísticas [m].

O comprimento caraterístico (c) é normalmente definido como a área da secção transversal perpendicular do escoamento dividida pela largura superior da superfície do escoamento. O termo do denominador na Equação 2.34 representa a celeridade de uma onda em águas pouco profundas (Fread, 1993; US Army Corps of Engineers, 1993).

O declive principal de um canal é frequentemente determinado utilizando o método mais simples e mais utilizado, como ilustrado na Figura 2.9 (Linsley *et al.*, 1988). Neste método, o ponto de elevação máxima é selecionado para obter um declive representativo ao longo de toda a extensão.

Figura 2.9 Declive médio do curso de água (segundo Linsley *et al.*, 1988) .

Em alternativa, pode ser utilizado o declive de transporte medido a 10% e 85% do comprimento do curso de água a partir da foz do rio (US Army Corps of Engineers, 1994a).

### 2.9.2 Efeitos de remanso e de inundação

Os métodos hidrológicos de encaminhamento de cheias normalmente não têm em conta os efeitos variáveis de remanso, tais como barragens a jusante, constrições, pontes e influências das marés (O'Donnell, 1985). Além disso, tal como salientado pelo US Army Corps of Engineers (1993), estes efeitos de remanso atenuam significativamente a dinâmica do caudal, pondo assim em causa o pressuposto de linearidade do método Muskingum.

### 2.9. 3Coeficiente de rugosidade do varrimento

Os coeficientes de rugosidade indicam a resistência aos caudais de cheia nos canais e planícies aluviais (Arcement e Schneider, 1989). Como salientado por Chow (1959) e Koegelenberg *et al.* (1997), não existe um método preciso para estimar os coeficientes de rugosidade, o que torna subjectiva a estimativa prática do coeficiente de rugosidade de Manning. Estes coeficientes variam com a profundidade do caudal e com as alterações físicas sazonais nos leitos e margens dos rios. Por conseguinte, as práticas de projeto consideram normalmente os piores cenários possíveis. A rugosidade da superfície, a vegetação ao longo do rio, a carga de sedimentos, as

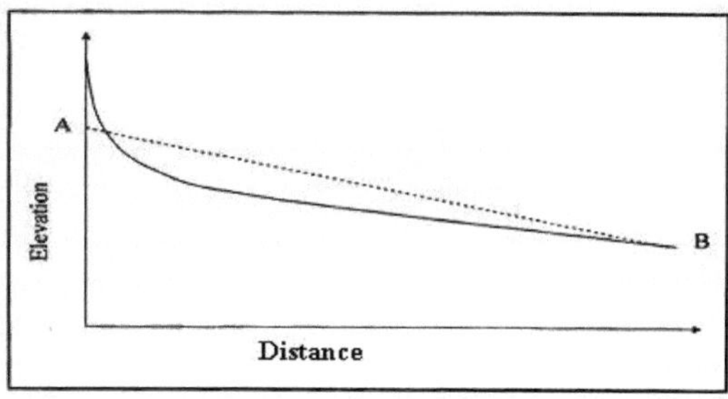

irregularidades do canal e o vento que sopra contra a direção do fluxo influenciam significativamente os valores de resistência. Quando há vegetação mínima e irregularidade logo acima da profundidade do caudal, os valores de resistência diminuem com o aumento da descarga (Chow, 1959; Arcement *et al.*, 1989; Koegelenberg *et al.,* 1997). Os valores do coeficiente de rugosidade da base ($n_b$) para diferentes condições do rio estão listados no Quadro 2.2.

Ao selecionar o valor do coeficiente de rugosidade de base (n) para um canal, este deve ser classificado como um canal estável ou um canal de areia. Um canal estável sofre alterações mínimas durante a maior parte do intervalo de afluência (Arcement e Schneider, 1989).

O escoamento num rio pode estar confinado a um ou mais canais e, durante as cheias, pode ocorrer tanto no canal como na planície de inundação. O valor do coeficiente de rugosidade (n) é determinado por factores que afectam a rugosidade dos canais e das planícies de inundação (Arcement e Schneider, 1989).

Tal como referido por Shen e Julien (1993) e Fread (1993), os melhores resultados são obtidos quando o coeficiente de rugosidade (n) é calibrado com base em observações históricas do nível e da descarga.

Quadro 2.2 Valores do coeficiente de rugosidade da base (Arcement e Schneider, 1989).
[Modificado de Aldridge e Garret, 1973]

| **Valor do coeficiente de rugosidade da base** | | | |
|---|---|---|---|
| **Material da cama** | **Tamanho médio do material de cama [mm]** | **Canal reto uniforme** | **Canal liso** |
| **Canais de areia** | | | |
| Areia | 0.2 | 0.012 | --- |
| | 0.3 | 0.017 | --- |
| | 0.4 | 0.020 | --- |
| | 0.5 | 0.022 | --- |
| | 0.6 | 0.023 | |
| | 0.8 | 0.025 | --- |
| | 1.0 | 0.026 | --- |
| **Canais estáveis e planícies de inundação** | | | |
| Betão | -- | 0.012-0.018 | 0.011 |
| Corte de rocha | -- | -- | 0.025 |
| Solo firme | -- | 0.025-0.032 | 0.020 |
| Areia grossa | 1-2 | 0.026-0.035 | --- |

| Cascalho fino | -- | -- | 0.024 |
|---|---|---|---|
| Cascalho | 2-64 | 0.028-0.035 | - |
| Cascalho grosso | -- | -- | 0.026 |
| Calçada | 64-256 | 0.030-0.050 | --- |
| Boulder | >256 | 0.040-0.070 | --- |

O coeficiente de rugosidade de Manning (n) está também relacionado com o fator de atrito de Darcy f, e com as condições de tamanho dos sedimentos predominantes nos materiais do leito, como mostram as Equações 2.35 e 2.36 (Shen e Julien, 1993; Fread, 1993):

$$n = \mu f^{0.5} D^{0.17} \tag{2.35}$$

onde

$\mu$ = 0,113 [Quando as outras variáveis estão em unidades SI],

$f$ = fator de atrito de Darcy [sem dimensões], e

D = profundidade hidráulica [m].

e

$$n = \frac{(d_{50})^{1/6}}{21} \tag{2.36}$$

onde

$d_{50}$ = dimensão mediana dos sedimentos [m].

Como demonstrado por Chow (1959), ao aplicar a fórmula de Manning a canais com rugosidade composta, é por vezes necessário calcular um valor de coeficiente de rugosidade equivalente para todo o perímetro e utilizar este valor para o cálculo do caudal ao longo de toda a secção.

Limerinos (1970, citado por Arcement e Schneider, 1989) relacionou o valor do coeficiente de rugosidade da base com o raio hidráulico (R) e a dimensão das partículas ($d_{84}$ ) do material do leito, desde cascalho pequeno até pedregulhos de tamanho médio. Limerinos (1970) correlacionou n com a dimensão das partículas com um diâmetro mínimo igual ou superior ao diâmetro de 84% das partículas, como mostra a Equação 2.37:

$$n_b = \frac{(0.8204)R^{1/6}}{1.16+20\log\left[\frac{R}{d_{84}}\right]} \tag{2.37}$$

onde

$n_b$ = valor de base do coeficiente de rugosidade [sem dimensões],

R = raio hidráulico [m], e

$d_{84}$ = diâmetro da partícula (m) que iguala ou excede o diâmetro de 84 % da partículas [determinado a partir de uma amostra de cerca de 100 partículas distribuídas aleatoriamente partículas].

Arcement e Schneider (1989) recomendam a Equação 2.37 para estimar o valor da rugosidade de base ($n_b$ ) para um canal estável. Os valores do coeficiente de rugosidade de base ($n_b$ ) constantes do Quadro 2.2 são para canais rectos de secção transversal quase uniforme. Assim, podem ser feitos ajustamentos para irregularidades do canal, alinhamento, obstruções, vegetação e correcções de meandros para ter em conta caraterísticas particulares do canal, utilizando a Equação 2.38 e a informação contida no Quadro 2.3.

Como referem Arcement e Schneider (1989), os pontos de projeção ou as árvores expostas aumentam o coeficiente de resistência. Um aumento do coeficiente de resistência está também associado a uma alteração da área da secção transversal.

O grau de meandrização (m) depende da relação entre o comprimento total do canal meandrizado na extensão considerada e o comprimento reto da extensão do canal (Arcement e Schneider, 1989).

Cowan (1956, citado por Chow, 1959), Arcement e Schneider (1989) e Land & Water Australia (2004) propuseram que o valor da resistência de Manning para o escoamento em canal aberto pode ser determinado considerando todos os factores que contribuem para a resistência do escoamento. Assim, o valor pode ser calculado considerando todas as caraterísticas do canal, como se mostra na Equação 2.38:

$$n = (n_b + n_1 + n_2 + n_3 + n_4)\, m \qquad (2.38)$$

onde

$n_b$ = valor de base para um canal reto, uniforme e liso em canais naturais,

$n_1$ = um valor para o efeito das irregularidades do canal de superfície,

$n_2$ = um valor para as variações de forma e dimensão da secção transversal do canal,

$n_3$ = um valor para as obstruções,

$n_4$ = um valor para as condições da vegetação e do caudal, e

m = um fator de correção para o meandro do canal.

Em primeiro lugar, o curso do rio deve ser classificado como um canal de areia ou um canal estável. Em seguida, os materiais do leito e a uniformidade do canal devem ser identificados. Com base no tipo e caraterísticas do canal, o valor de rugosidade de base ($n_b$ ) é atribuído a partir da Tabela 2.2. Uma vez que o valor de base se refere a troços lisos e rectos, devem ser feitos ajustamentos utilizando o Quadro 2.3 para ter em conta as condições do local, incluindo o grau de irregularidade do canal, a variação da secção transversal do canal, o efeito da obstrução, a quantidade de cobertura vegetal e o grau de meandrização.

Quadro 2.3 Ajustamento dos valores de rugosidade do canal (segundo Arcement e Schneider, 1989).
[Modificado de Aldridge e Garrett, 1973]

| **Condições** | **ajustamento dos valores n** | **Exemplo** |
|---|---|---|
| | **Grau de irregularidade $(n)_1$** | |
| Suave | 0.000 | Canal mais suave que se pode obter num determinado material de leito. |
| Erosão ligeira | 0.001-0.005 | Canais degradados em bom estado, com declives laterais ligeiramente erodidos. |

Quadro 2.3 (continuação)...

| | | |
|---|---|---|
| Erosão moderada | 0.006-0.010 | Canais degradados com declives laterais moderadamente erodidos |
| Erosão severa | 0.011-0.020 | Superfície do canal muito erodida, sem forma, recortada e irregular. |
| | **Variação da secção transversal do canal $(n)_2$** | |
| Gradual | 0.000 | A dimensão e a forma da secção transversal do canal mudam gradualmente. |

| | | |
|---|---|---|
| Alternando ocasionalmente | 0.001-0.005 | As secções transversais grandes e pequenas alternam ocasionalmente. |
| Alternar frequentemente | 0.010-0.015 | As secções transversais grandes e pequenas alternam frequentemente. |
| **Condições do** | **ajustamento dos valores n** | **Exemplo** |
| **Efeito da obstrução $(n)_3$** | | |
| Negligenciável | 0.000-0.004 | Algumas obstruções dispersas, que incluem depósitos de detritos ou pedregulhos isolados que ocupam menos de 5 % da área da secção transversal. |
| Menor | 0.040-0.050 | A obstrução ocupa menos de 15 % da área da secção transversal. |
| Apreciável | 0.020-0.030 | As obstruções ocupam de 15% a 50% da área da secção transversal. |
| Grave | 0.005-0.015 | Mais de 50% da área da secção transversal. |
| **Quantidade de vegetação $(n)_4$** | | |
| Pequeno | 0.002-0.010 | Crescimento denso de relva flexível, como bermudas ou ervas daninhas que crescem onde a profundidade média do fluxo é pelo menos duas vezes a altura da vegetação. |
| Médio | 0.010-0.025 | Relva que cresce onde a profundidade média do escoamento é de uma a duas vezes a altura da vegetação, relva moderadamente densa, ervas daninhas ou vegetação arbustiva, moderadamente densa. |
| Grande | 0.025 -0.050 | Relva que cresce onde a profundidade média do fluxo é aproximadamente igual à altura da vegetação. |
| Muito grande | 0.050-0.100 | Relva que cresce onde a profundidade média do fluxo é inferior a metade da altura da vegetação. |

Quadro 2.3 (continuação)...

| Condições do canal | ajustamento dos valores n | Exemplo |
|---|---|---|
| **Grau de meandrização (m)** | | |
| Menor | 1.00 | A relação entre o comprimento do canal e o comprimento do vale é de 1,0 a 1,2. |
| Apreciável | 1.15 | A relação entre o comprimento do canal e o comprimento do vale é de 1,2 a 1,5. |

| Grave | 1.30 | O rácio entre o comprimento do canal e o comprimento do vale é superior a 1,5. |
|---|---|---|

Neste capítulo, foram discutidos os métodos de encaminhamento de cheias do Muskingum, a relação entre a descarga e o canal, as aplicações dos métodos de encaminhamento de cheias em rios não medidos e os factores que influenciam a aplicação prática dos métodos de encaminhamento de cheias. No próximo capítulo, será detalhado o procedimento de seleção da bacia hidrográfica e do evento.

# 3. CAPTAÇÃO E SELECÇÃO DE EVENTOS

A seleção de locais de medição adequados, cursos de rio e eventos para análise é apresentada neste capítulo.

## 3. 1Selecção de bacias

Tal como referido por Thukela Basin Consultants (2001), o Departamento de Recursos Hídricos e Florestas (DWAF) iniciou o Estudo de Planeamento do Aumento do Vaal (VAPS) em 1994 para determinar opções alternativas de desenvolvimento para satisfazer o aumento da procura de água na África do Sul. O DWAF descobriu que os esquemas de transferência entre bacias, juntamente com outras acções estratégicas, oferecem um meio possível e acessível para aumentar o abastecimento de água ao sistema do rio Vaal. O rio Thukela, juntamente com várias outras opções, foi estudado para um novo projeto de transferência entre bacias.

De acordo com Thukela Basin Consultants (2001) e Encyclopaedia of Nationmaster (2004), o rio Thukela tem a sua nascente nas montanhas de Drakensberg perto de Bergville, onde os picos das montanhas se elevam a mais de 3000 m. O rio desce rapidamente, descendo 947 m, até às quedas de Thukela. A precipitação média anual (MAR) apresenta uma variação significativa, indo de 1500 mm ou mais na região de Drakensberg até 50 mm nas zonas centrais secas da bacia hidrográfica. Especificamente, na zona montanhosa de Drakensberg, a MAR excede os 1500 mm, indicando um elevado nível de precipitação. Em contraste, as regiões centrais secas registam uma precipitação consideravelmente mais baixa, com a precipitação média anual a descer abaixo dos 700 mm.

A bacia hidrográfica de Thukela foi selecionada para a realização de estudos de traçado de cheias devido às suas numerosas estações de medição, longos registos de caudal e extensos rios e afluentes. Além disso, a investigação complementaria outras actividades de investigação em curso na Escola de Engenharia de Recursos Biológicos e Hidrologia Ambiental. Esta disparidade na distribuição da precipitação sublinha a diversidade das condições climáticas na bacia hidrográfica de Thukela, com implicações para a gestão dos recursos hídricos e a dinâmica dos ecossistemas.

## 3.2 Locais de Medição Adequados e Seleção da Trincheira do Rio

Os factores considerados ao selecionar estações de medição adequadas para registos de caudal incluem a disponibilidade e a qualidade dos dados, bem como a adequação do curso do rio para estimar os parâmetros de encaminhamento das cheias. Isto envolve a avaliação da presença de constrições, barragens ou efeitos de remanso resultantes de inundações. Adicionalmente, é avaliada a adequação dos troços para aplicar os métodos de encaminhamento de cheias do Muskingum. Os dados necessários para a análise do traçado das cheias incluem tipicamente os hidrogramas de entrada e saída registados, o declive do rio, a rede de canais, a rugosidade do canal e as condições de engarrafamento (Fread, 1993). Foram selecionados trechos de diferentes comprimentos para avaliar a influência do comprimento do rio na aplicação de métodos de encaminhamento de cheias.

O comprimento do curso do rio ($\Delta L$) e o declive (S) foram derivados de um Modelo Digital de Elevação (DEM) de 200 m fornecido pelo Atlas Sul-Africano de Agro-hidrologia e Climatologia (Schulze *et al.*, 1997), usando o pacote de software ArcView 3.2a (ESRI, 2000). Os valores de base para o coeficiente de rugosidade de Manning foram estimados a partir de observações de campo e de fontes adicionais. A bacia hidrográfica e a localização dos açudes de medição foram obtidas a partir da base de dados hidrológicos do Department of Water Affairs and Forestry (DWAF) disponível em linha.

## 3. 3Localização da captação

Como ilustrado nas Figuras 3.1 e 3.2, a bacia hidrográfica de Thukela estende-se latitudinalmente de $27.41^0$ a $29.40^0$ S e longitudinalmente de $28.96^0$ a $31.44^0$ E, cobrindo uma área total de aproximadamente 29,036 $km^2$ . A bacia hidrográfica inclui 86 bacias quaternárias interligadas e em cascata, tal como definido pelo Departamento de Recursos Hídricos e Florestas (DWAF) (Schulze e Taylor, 2002).

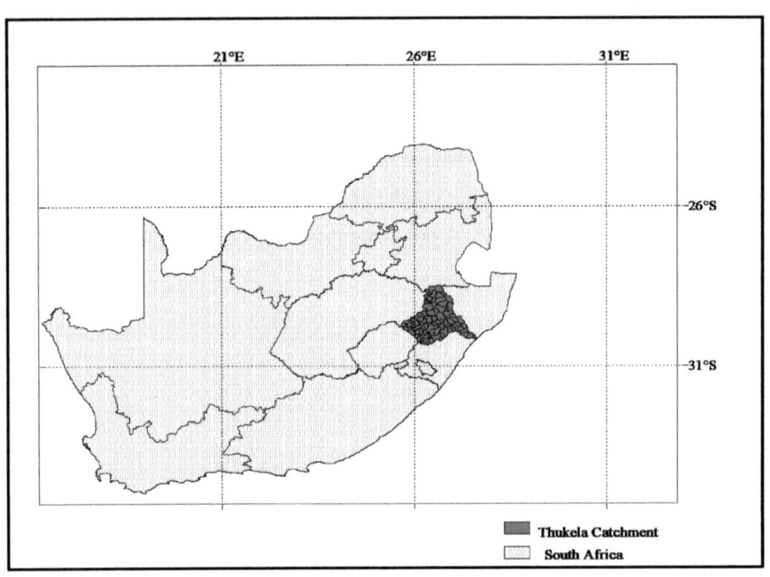
21°E
26°E
31°E
26°S
31°S
Thukela Catchment
South Africa

Figura 3.1 Mapa de localização de Thukela .

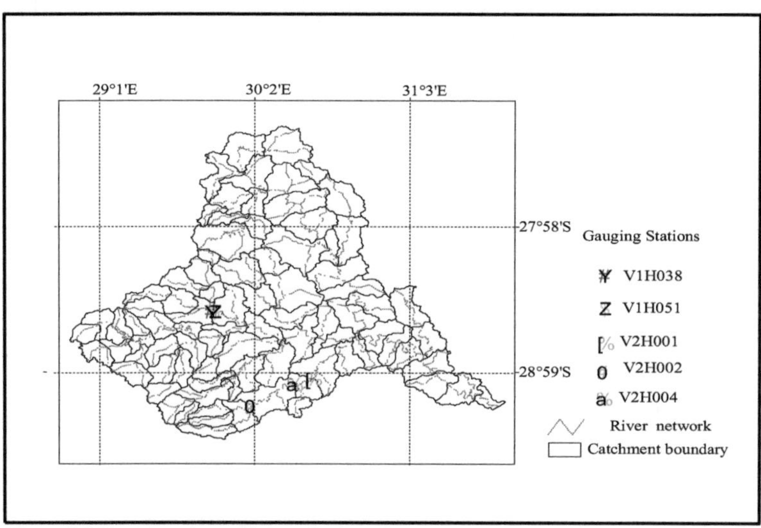


Figura 3.2 Estações de medição selecionadas.

As Figuras 3.3, 3.4, e 3.5 mostram sub-bacias selecionadas, estações de medição e redes fluviais dentro da bacia hidrográfica de Thukela. Devido às limitações dos métodos de Muskingum delineados nas Secções 2.1 e 2.2, bem como a falta de dados abrangentes para muitos açudes de medição nas bacias hidrográficas de Thukela, este estudo concentra-se em apenas três das sub-bacias. A seleção destas sub-bacias específicas baseia-se principalmente na disponibilidade de dados.

O Quadro 3.1 inclui um resumo da localização dos açudes e outras informações relevantes para cada estação de medição.

Quadro 3.1 Resumo dos troços e estações de medição utilizados .

| Alcance | Estações de Medição a montante e a jusante | Localização | Rio | Elevação [m] | Apanhar. área [km ]$^2$ | Zona de subcaptura [km ]$^2$ | Comprimento de alcance [km] | Declive médio do canal [%] |
|---|---|---|---|---|---|---|---|---|

| I | V1H038 | Dorpsgronde | Klip | 1042 | 1644 | 10 | 4.09 | 0.70 |
|---|---|---|---|---|---|---|---|---|
| | V1H051 | Ladysmith | Klip | 1007 | 1654 | | | |
| II | V2H002 | Mooi | Mooi | 1390 | 937 | 609 | 54.40 | 0.55 |
| | V2H004 | Doornkloof | Mooi | 1099 | 1546 | | | |
| III | V2H004 | Doornkloof | Mooi | 1099 | 1546 | 44 | 20.00 | 0.12 |
| | V2H001 | Scheepersdaal | Mooi | 1075 | 1950 | | | |

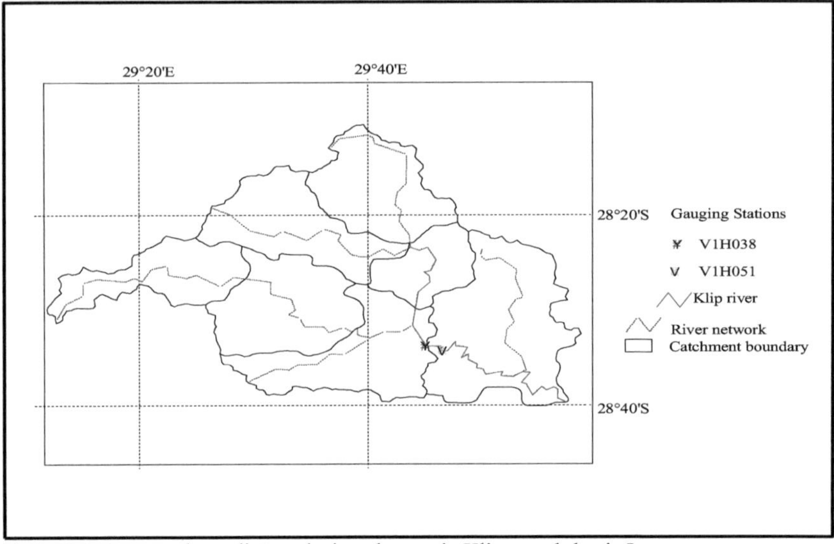


Figura 3.3 Estações de medição selecionadas no rio Klip na sub-bacia I.

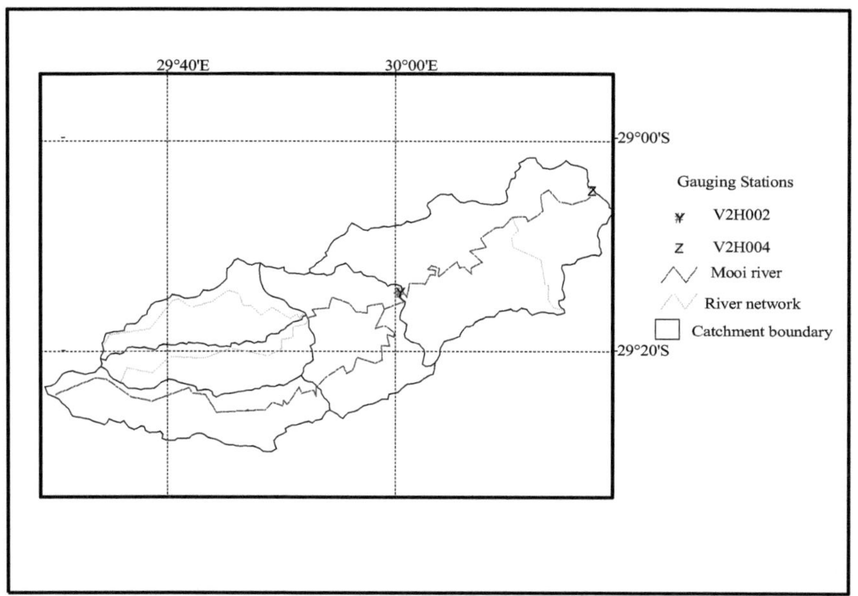

Figura 3.4 Estações de medição selecionadas no rio Mooi na Sub-bacia-II.

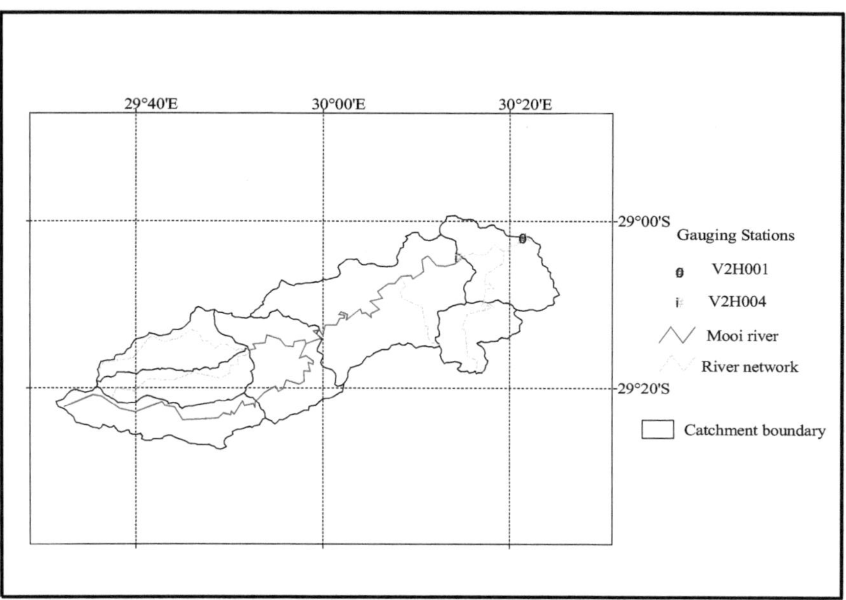

Figura 3.5 Estações de medição selecionadas no rio Mooi na Sub-bacia-III .

### 3.4Características das zonas fluviais

Em junho de 2004, foram conduzidas visitas de campo para observar as condições do local e avaliar os factores que afectam o coeficiente de rugosidade de Manning (n) e a largura máxima do caudal máximo da margem (W) nas bacias hidrográficas selecionadas. A informação sobre o curso do rio para todas as sub-bacias foi recolhida durante estas visitas, complementada por dados do Mapa da África do Sul 1:50.000 (1989) e do Mapa Turístico da KZN 1:100.000 (2003). A interpretação da informação recolhida no levantamento de campo é apresentada na Tabela 3.2. A largura média do topo da margem e a profundidade máxima do caudal observadas no campo foram usadas para estabelecer o caudal máximo da margem cheia do rio. Assumiu-se que todos os canais representavam canais estáveis, com larguras gerais aproximadas do topo variando entre 30-70m e profundidades máximas de caudal entre 2-5m.

As dimensões da secção transversal para a largura máxima do topo (W) e a profundidade máxima da secção (y) observadas durante a visita de campo estão documentadas no Quadro 3.2.

Quadro 3.2 Dados observados no terreno para as secções transversais assumidas.

| Alcance | Largura do caudal superior (m) | Profundidade máxima (m) |
|---|---|---|
| I | 70 | 2.5 |
| II | 30 | 2 |
| III | 50 | 5 |

Quadro 3.3 Dados do inquérito de campo .

| Alcance | Forma do canal | Estado do canal | Meanderness | Obstrução do canal | Cobertura vegetal do canal Size |
|---|---|---|---|---|---|
| I | Moderadamente Irregular | Occasionalmente alternados | Apreciável | Negligenciável | Pequeno |
| II | Moderadamente Irregular | Occasionalmente alternados | Grave | Negligenciável | Pequeno |
| III | Moderadamente Irregular | Ocasionalmente alternado | Apreciável | Negligenciável | Pequeno |

### 3.4.1 Características do Reach-I

O rio Klip exibe uma forma de canal moderadamente irregular, caracterizada por variações ocasionais na largura da secção transversal. Com obstruções negligenciáveis e um rácio comprimento do canal/comprimento do vale estimado em 1.3, o rio cai na categoria de meandros apreciáveis do canal, como descrito na Tabela 2.3 (Secção 2.9.3). Ao longo do seu curso, o rio apresenta uma cobertura vegetal média alternada. A Figura 3.6 fornece um exemplo ilustrativo da vegetação ripária encontrada ao longo do rio.

Figura 3.6 O rio Klip na sub-bacia I.

O rio Klip principal sofre mudanças dramáticas na inclinação, passando de um gradiente acentuado para uma inclinação muito mais plana, como ilustrado na Figura 3.7. Aproximadamente 46% do curso superior apresenta uma inclinação de 2.1%, enquanto os restantes 54% do curso a jusante aproximam-se de uma inclinação quase nula (plana). Esta variação indica fluxos de alta velocidade a montante e fluxos significativamente mais lentos a jusante.

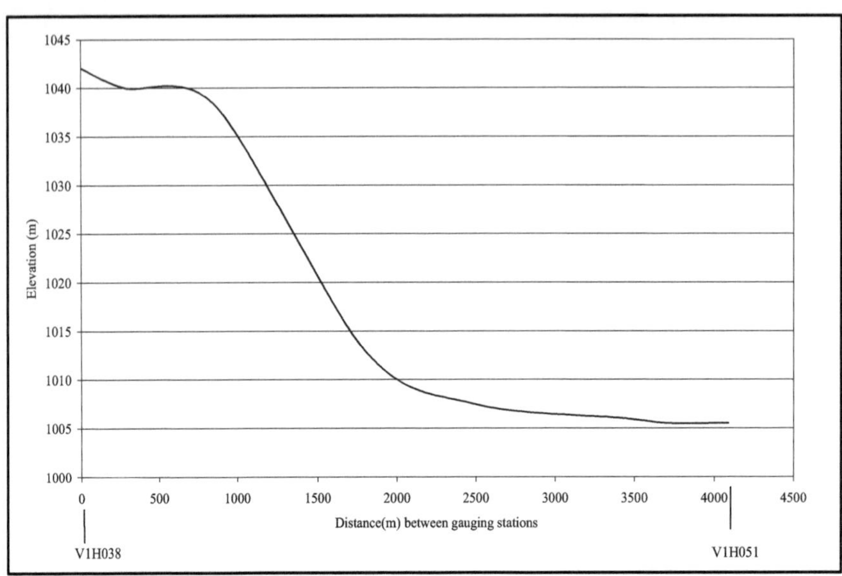


Figura 3.7 Perfil longitudinal do rio Klip na sub-bacia I.

### 3.4.2Características do Reach-II

O rio Mooi apresenta meandros pronunciados, com um rácio entre o comprimento do canal meandrante e o comprimento do vale estimado em 1.8. Esta classificação coloca o rio na categoria de meandros severos, como indicado no Quadro 2.3 (Secção 2.9.3). Ao longo do curso do rio, existe uma cobertura vegetal arbustiva alternada, com vegetação ripária representada na Figura 3.8.

Figura 3.8 O rio Mooi na Sub-bacia-II.

O declive do curso primário do rio Mooi está representado na Figura 3.9.

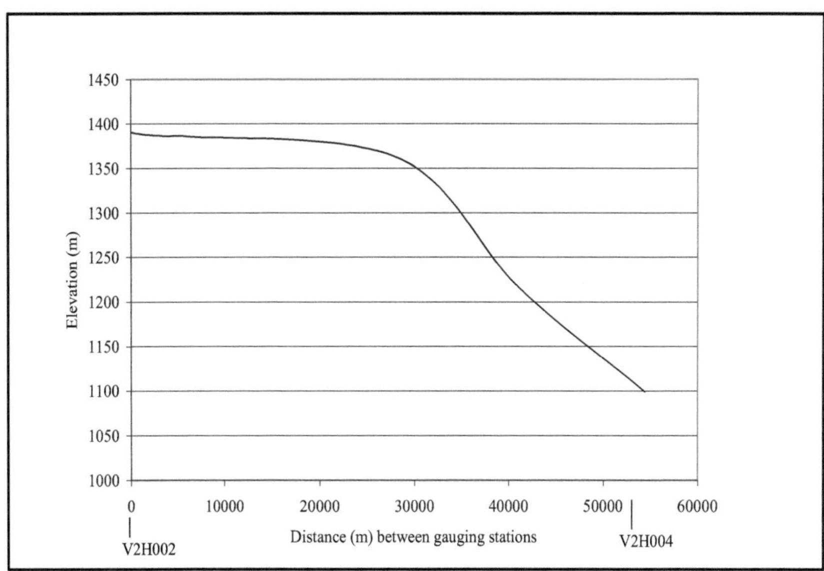


Figura 3.9 Perfil longitudinal do rio Mooi na Sub-bacia-II.

### 3.4.3Características do Reach-III

A extensão III continua do rio Mooi a jusante da aldeia de Muden e apresenta uma forma de canal moderadamente irregular, alternando ocasionalmente a largura das secções transversais. A jusante do rio Mooi, este curso tem obstruções mínimas. Com um rácio entre o comprimento do canal e o comprimento do vale estimado em 1.38, o rio cai na categoria de canais sensivelmente meandrantes, de acordo com os valores do Quadro 2.3 (Secção 2.9.3). A vegetação ripária ao longo do curso jusante do rio Mooi é mais curta em comparação com o curso superior. Um exemplo desta vegetação está representado na Figura 3.10.

Figura 3.10 O rio Mooi na Sub-bacia-III (jusante).

O declive da Trincheira III é apresentado na Figura 3.11.

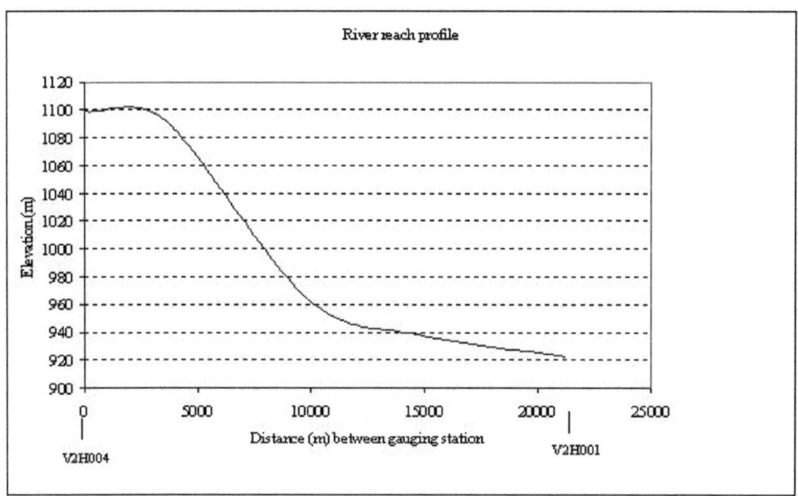


Figura 3.11 Perfil longitudinal do rio Mooi na Sub-bacia-III.

Durante a visita de campo, observou-se que o leito do rio é constituído por paralelepípedos com margens estáveis. O valor de base ($n_b$ ) para cada canal foi inicialmente determinado a partir dos valores da Tabela 2.2 para uma condição de canal com material de leito estável, com tamanho de cascalho variando de 2 a 64 mm. Em seguida, foram efectuados ajustamentos de acordo com o estado do canal observado e os valores totais foram estimados pelo método de Cowan (1956). Os resultados destas estimativas são apresentados no Quadro 3.4.

Quadro 3.4 Valores do coeficiente de rugosidade para os alcances .

| Reach | $n_b$ | Irregularidade | Secção transversal | Obstrução | Coberto vegetal | Meandros | Final n |
|---|---|---|---|---|---|---|---|
| I | 0.03 | 0.006 | 0.001 | 0 | 0.002 | 1.15 | 0.045 |
| II | 0.028 | 0.006 | 0.001 | 0 | 0.002 | 1.30 | 0.048 |
| III | 0.028 | 0.006 | 0.001 | 0 | 0.002 | 1.15 | 0.043 |

## 3. 5Análise de dados de fluxo

Os dados do hidrograma observado utilizados neste estudo foram obtidos do DWAF (2003). Os dados digitalizados do ponto de rutura, considerados dados primários, tinham inicialmente passos de tempo variáveis. Para assegurar a consistência, foram convertidos para um intervalo de tempo constante utilizando um programa desenvolvido por Smithers (2003). O intervalo de tempo escolhido foi suficientemente pequeno para se aproximar da hipótese de linearidade do caudal ao longo do intervalo de tempo. Foram selecionadas pequenas e grandes cheias para abranger uma gama de condições de escoamento para uma análise abrangente.

Os registos de caudal para os três troços selecionados nas Sub-bacias I, II e III estão representados nas Figuras 3.12, 3.13 e 3.14, respetivamente.

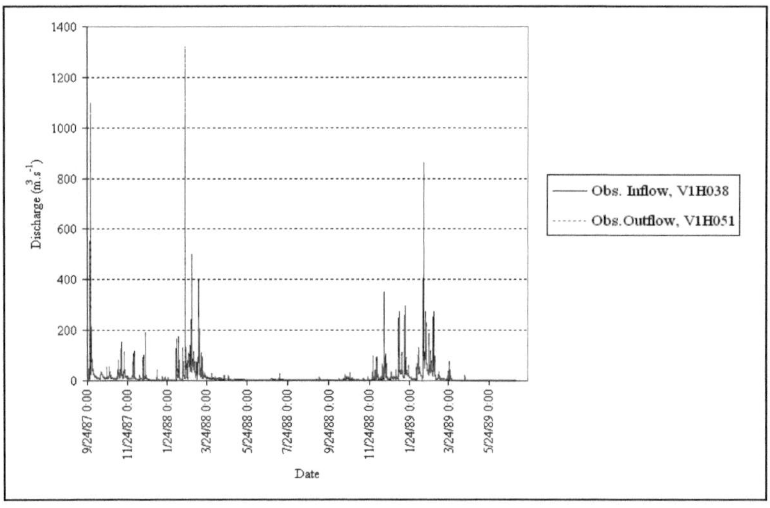


Figura 3.12 Entradas e saídas observadas do Reach-I.

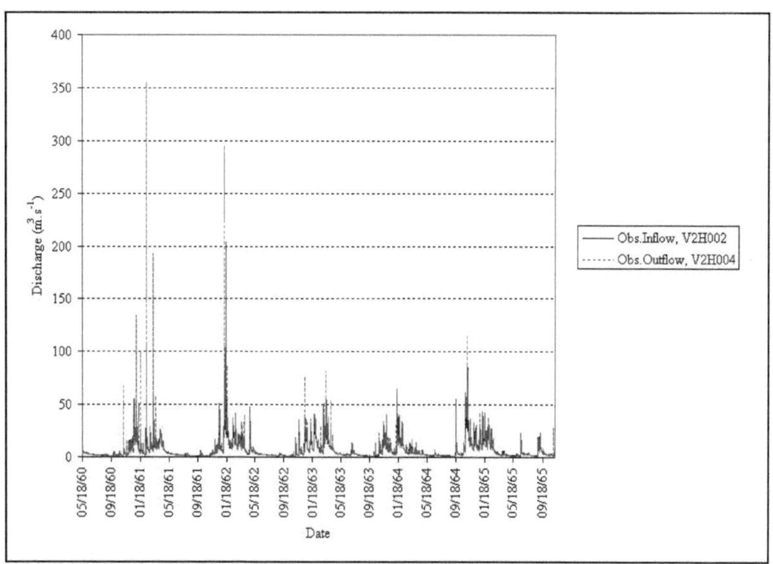


Figura 3.13 Entradas e saídas observadas do Reach-II.

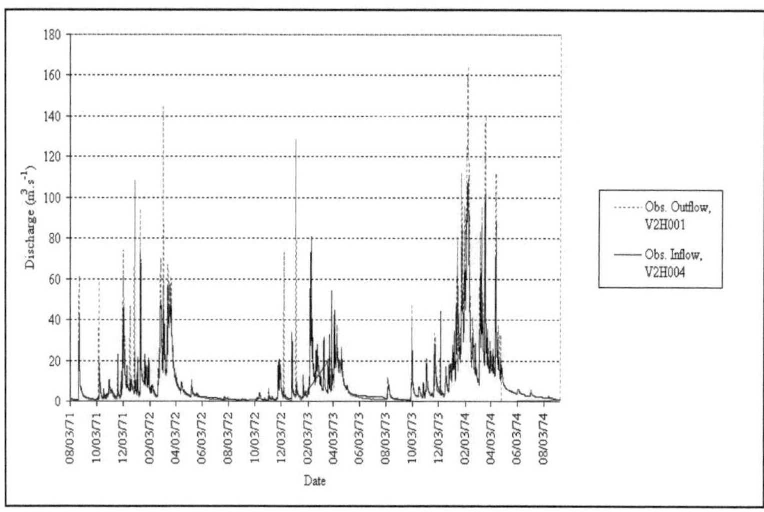


Figura 3.14 Entradas e saídas observadas do Reach-III.

As curvas de classificação dos trechos selecionados são apresentadas nas Figuras 3.15 a 3.17.

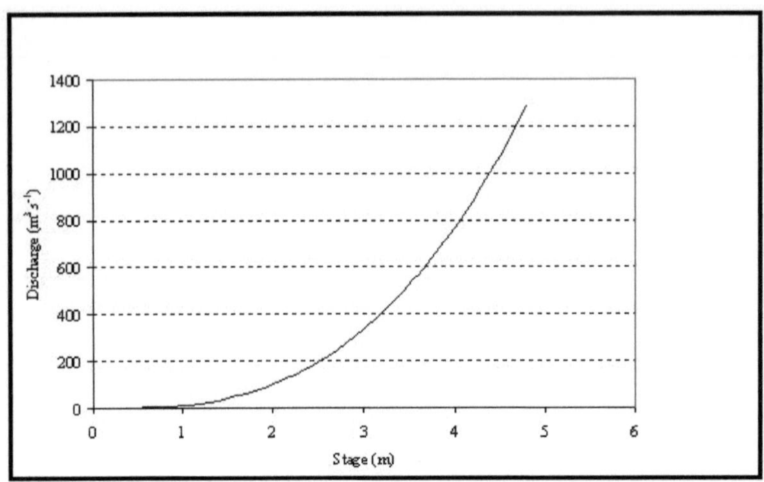

Figura 3.15 Curva de caudal observada na estação de medição V1H038 (segundo DWAF, 2003).

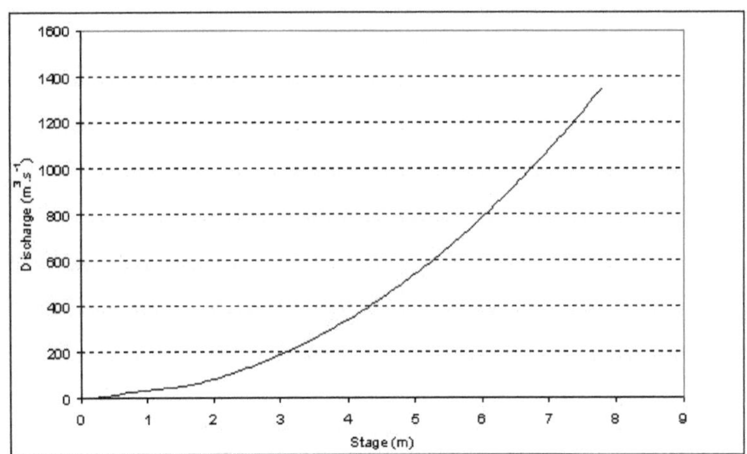

Figura 3.16 Curva de caudal observada na estação de medição V2H002 (segundo DWAF, 2003).

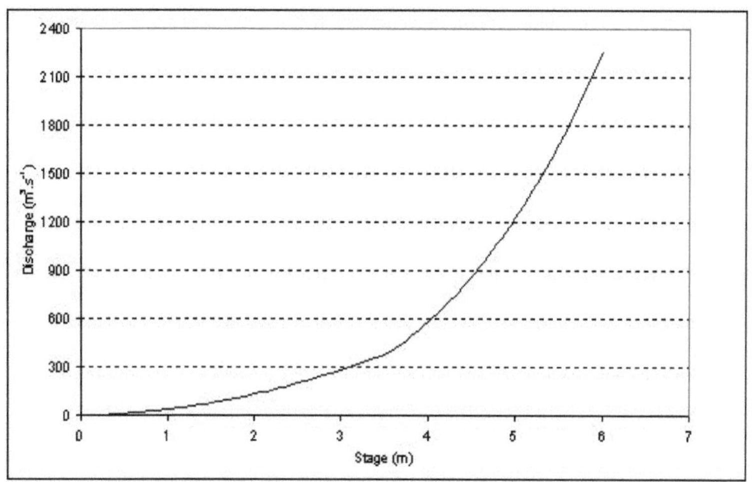


Figura 3.17 Curva de caudal observada na estação de medição V2H004 (segundo DWAF, 2003).

A análise dos dados de caudal revelou que certos hidrogramas apresentavam registos irrealistas. Estes erros podem ter origem em problemas técnicos ou em métodos de aquisição de dados incorrectos. Nomeadamente, alguns eventos apresentaram picos prematuros nos troços a jusante, enquanto outros apresentaram valores de pico excecionalmente elevados que ultrapassaram os picos típicos observados no medidor. Consequentemente, é imperativo avaliar a qualidade dos dados antes de prosseguir com a seleção de eventos para a análise do traçado das cheias. As discrepâncias em alguns dos eventos tornam-se aparentes quando se examina um hidrograma de evento único numa escala maior, como se mostra na Figura 3.18. É plausível que o erro observado na Figura 3.18 possa ser atribuído à digitalização incorrecta de uma inversão de caneta na carta registada autograficamente.

Figura 3.18 Exemplo de dados incorrectos no Reach-I.

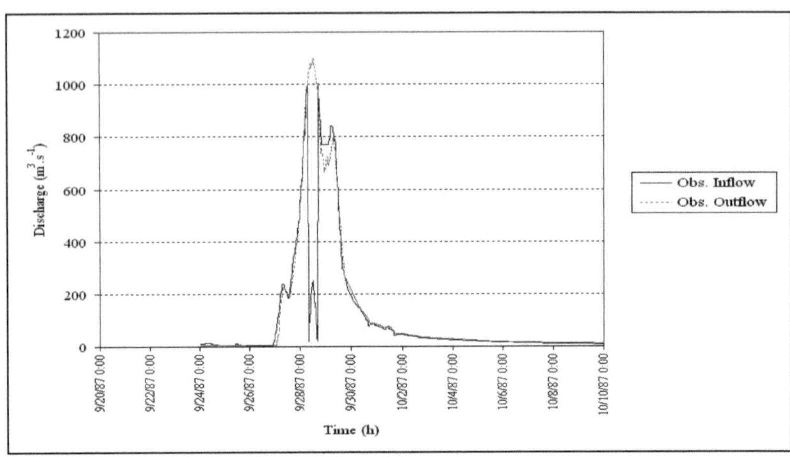


Os eventos foram escolhidos para representar vários tamanhos, incluindo eventos pequenos, médios e grandes. Os eventos selecionados para todas as extensões estão ilustrados nas Figuras 3.19 a 3.26. Especificamente, os eventos selecionados para a área de alcance I estão representados nas Figuras 3.19 a 3.20.

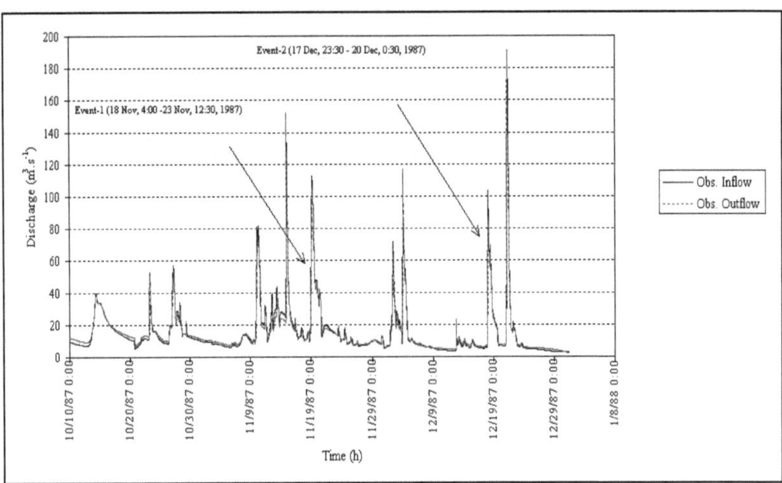


Figura 3.19 Eventos-1 e 2 selecionados do Reach-I.

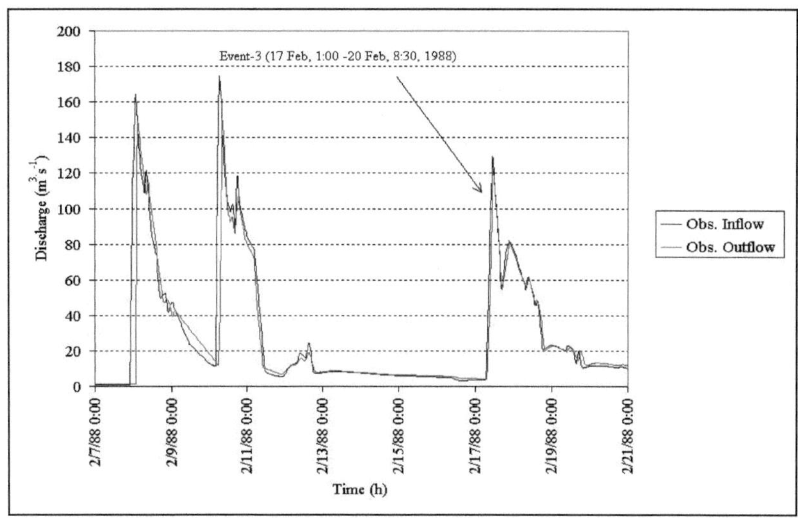


Figura 3.20 Evento-3 selecionado do Reach-I.

As figuras 3.21 a 3.24 apresentam os eventos selecionados do Reach-II.

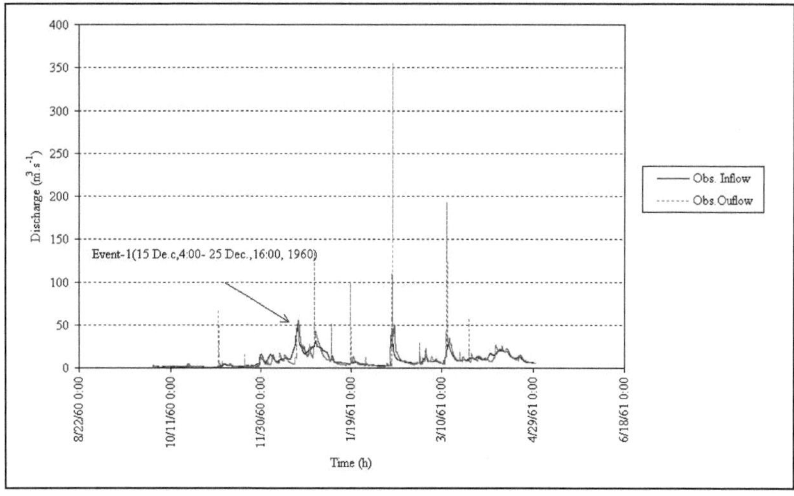


Figura 3.21 Evento-1 selecionado do Reach-II.

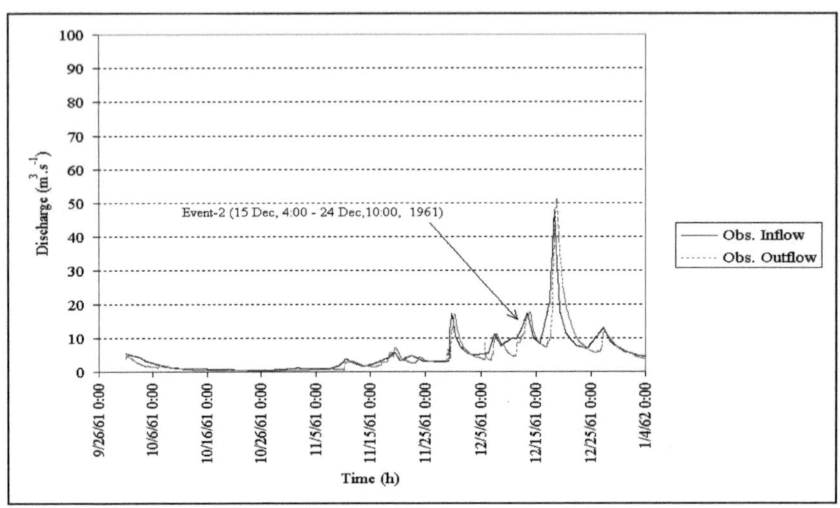

Figura 3.22 Evento-2 selecionado do Reach-II.

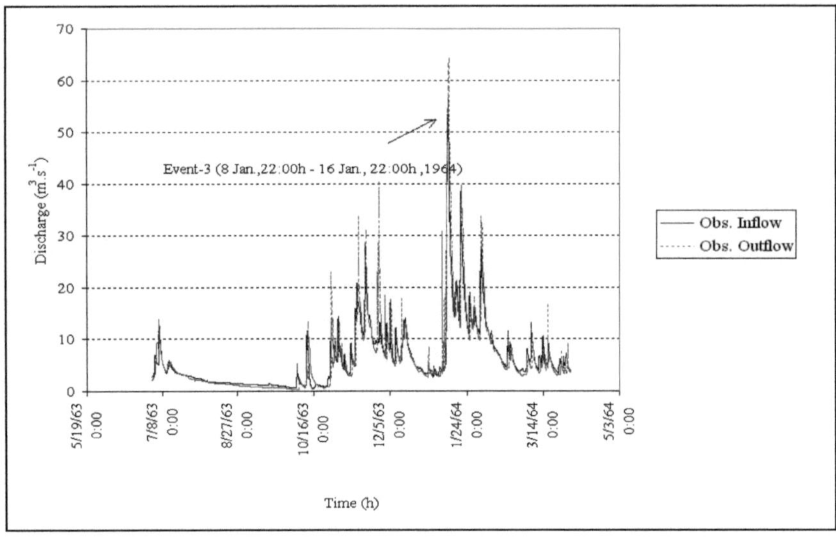

Figura 3.23 Evento-3 selecionado do Reach-II.

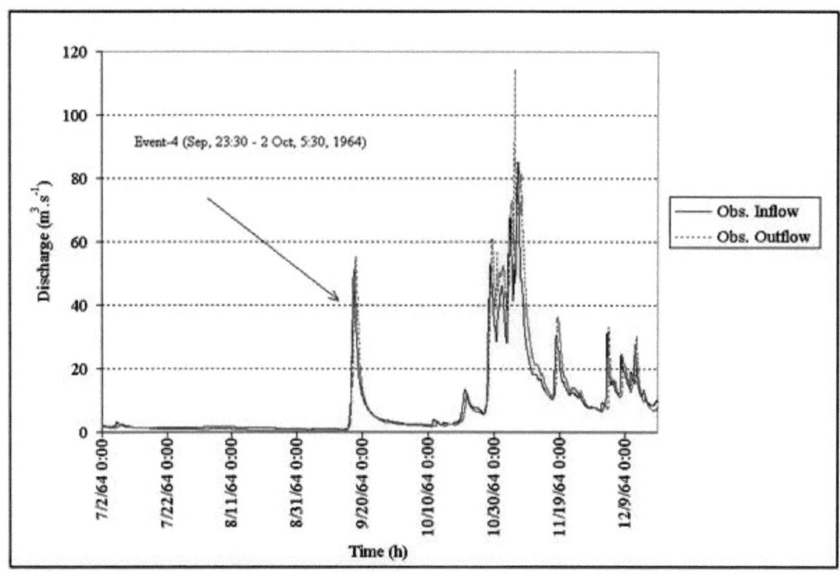

Figura 3.24 Evento-4 selecionado do Reach-II.

As figuras 3.25 e 3.26 ilustram os eventos selecionados do Reach-III.

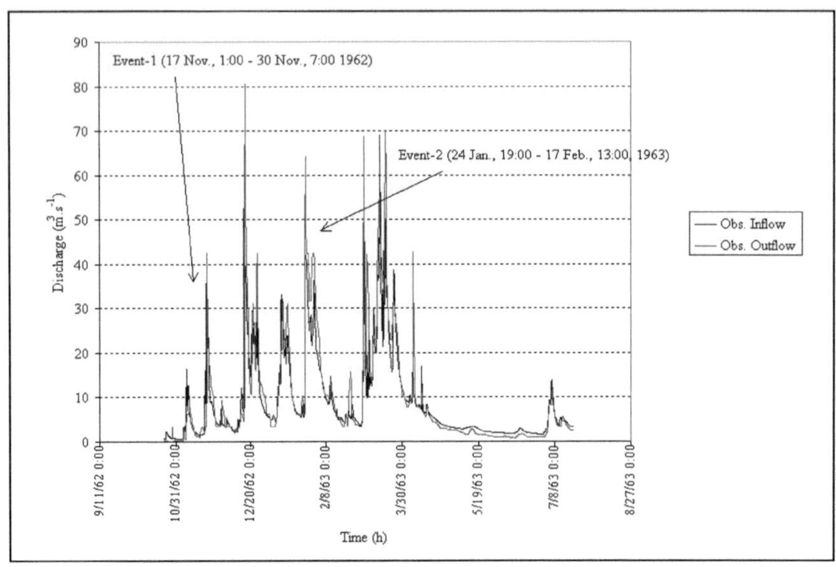


Figura 3.25 Eventos-1 e 2 selecionados do Reach-III.

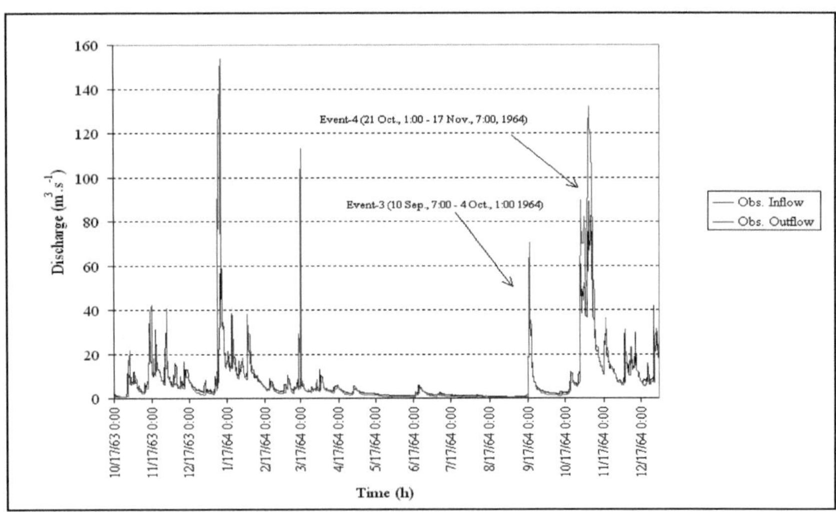


Figura 3.26 Eventos-3 e 4 selecionados do Reach-III.

Neste capítulo, discutimos a seleção de trechos de rios, locais de medição e eventos de cheias. No próximo capítulo, iremos aprofundar a metodologia utilizada para analisar e estimar os parâmetros K e X em bacias hidrográficas não cobertas por barragens.

# 4. METODOLOGIA

Este capítulo descreve as metodologias utilizadas para a seleção e análise de dados de caudal, bem como os métodos de encaminhamento de cheias aplicados a eventos selecionados. Os parâmetros Muskingum K e X foram calibrados utilizando hidrogramas de entrada e saída observados, empregando os métodos Muskingum (M-Cal) e matriz Muskingum de três parâmetros (M-Ma). Em locais não medidos, foi utilizada a equação de Muskingum-Cunge, com variáveis de caudal estimadas utilizando uma abordagem empírica (MC-E) e uma abordagem de secção transversal assumida (MC-X). Os hidrogramas de escoamento calculados foram depois comparados estatística e graficamente com os hidrogramas observados. A metodologia é pormenorizada como se segue:

( i ) Para sub-bacias selecionadas, foram escolhidos eventos observados e os hidrogramas de escoamento foram calculados utilizando parâmetros Muskingum K e X calibrados (M-Cal), bem como o método Muskingum de três parâmetros (M-Ma). Estes hidrogramas calculados foram depois comparados com os hidrogramas observados para avaliar o desempenho do método de Muskingum com parâmetros calibrados,

( ii ) Os parâmetros K e X do Muskingum foram estimados para cada extensão com base em caraterísticas de escoamento determinadas empiricamente, incluindo a largura do topo do escoamento (W), o perímetro molhado (P), a profundidade do escoamento (y), o raio hidráulico (R) e a velocidade média ($V_{av}$ ) (Secção 4.2.1). Este método é designado por MC-E,

( iii ) Os parâmetros K e X do Muskingum foram estimados para cada extensão com base nas dimensões assumidas da secção transversal do canal observadas no campo, incluindo a profundidade máxima do fluxo (y) e a largura máxima do topo do fluxo (W) (Secção 4.2.2). Este método é referido como MC-X,

( iv ) Os hidrogramas calculados foram comparados com os hidrogramas observados através de análises estatísticas e visuais, tendo em conta o volume da cheia, a magnitude e o momento do pico de caudal, bem como a forma do hidrograma (secção 4.3), e

( v ) Foram efectuadas análises de sensibilidade a diversas variáveis da bacia hidrográfica, incluindo o comprimento do curso de encaminhamento ($\Delta L$), o passo de tempo de encaminhamento ($\Delta t$), o coeficiente de rugosidade de Manning (n), a geometria do canal, o declive do rio (S) e os parâmetros K e X do Muskingum (secção 4.3).

Os pormenores das etapas de cálculo são desenvolvidos nas secções seguintes.

## 4.1 Encaminhamento de cheias utilizando fluxos de entrada e saída observados

Os parâmetros K e X do Muskingum foram calibrados utilizando hidrogramas de entrada e saída observados, empregando os métodos Muskingum-Cunge calibrado (M-Cal) e Muskingum de três parâmetros (M-Ma). Os pormenores do procedimento são discutidos nas secções 4.1.1 e 4.1.2.

### 4.1.1 O método M-Cal

No método Muskingum de encaminhamento de cheias, o alcance do rio pode ser subdividido em sub-acessos (Secção 2.2). De acordo com o US Army Corps of Engineers (1994a), uma regra geral sugere que o intervalo de cálculo deve ser inferior a 1/5 do tempo de subida do hidrograma de afluência, que foi inicialmente utilizado como uma estimativa para o intervalo de tempo de encaminhamento. Viessman *et al.* (1989) e Fread (1993) observaram que o intervalo de tempo de encaminhamento $\Delta t$ é frequentemente atribuído a qualquer valor conveniente entre os limites de $(K/3) \leq \Delta t \leq K$.

O parâmetro Muskingum (K) na Equação 2.9, equivalente ao tempo de viagem das ondas no curso de água, pode ser estimado pelo desfasamento entre os picos dos hidrogramas de entrada e de saída, como ilustrado na Figura 4.1.

O número de subrecursos foi determinado dividindo o tempo total de deslocação estimado (K) pelo intervalo de tempo de encaminhamento ($\Delta t$).

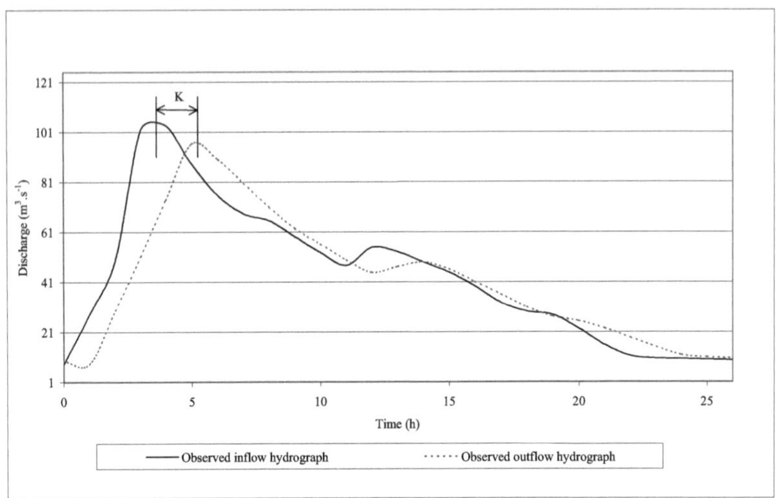


Figura 4.1 Estimativa do parâmetro K do Muskingum a partir de hidrogramas observados .

Assim, a celeridade pode ser estimada substituindo o valor de K na Equação 2.9 como:

$$V_W = \frac{\Delta L}{K} \qquad (4.1)$$

onde

$V_w$ = celeridade [m.s$^{-1}$ ],

K = tempo de percurso da onda [s], e

$\Delta L$ = comprimento de alcance [m].

Em alternativa, a celeridade pode ser estimada a partir da velocidade média, utilizando a Equação 4.2 e o Quadro 4.1, para uma secção transversal parabólica assumida.

$$V_W = \frac{11}{9} V_{av} \qquad (4.2)$$

Rearranjando a Equação 4.2, a velocidade média do escoamento para uma secção transversal parabólica pode ser calculada como:

$$V_{av} = \frac{9}{11} V_w \tag{4.3}$$

onde

$V_{av}$ = velocidade média [m.s$^{-1}$ ].

Quadro 4.1 Estimativa da celeridade para várias formas de canal (Viessman *et al.*, 1989).

| Forma do canal | Equações de Manning | Equação de Chezy |
| --- | --- | --- |
| Retangular largo | 5/3 $V_{av}$ | 3/2 $V_{av}$ |
| Triangular | 4/3 $V_{av}$ | 5/4 $V_{av}$ |
| Parabólica | 11/9 $V_{av}$ | 7/6$V_{av}$ |

A velocidade média calculada a partir da Equação 4.3 foi utilizada para calcular a área da secção transversal do escoamento para um escoamento de referência, calculada como indicado na Equação 4.4.

A partir da Equação 2.11 (secção 2.2), o caudal de referência é estimado como

$$Q_0 = Q_b + 0.5(Q_p - Q_b)$$

onde

$Q_0$ = caudal de referência [m$^3$ .s$^{-1}$ ],

$Q_b$ = descarga mínima [m$^3$ .s$^{-1}$ ], e

$Q_p$ = descarga de pico [m$^3$ .s$^{-1}$ ].

Utilizando a equação da continuidade (Chow, 1959; Linsley *et al.*, 1988; KenBohuslay, 2004 ) a área da secção transversal do escoamento obtida a partir da Equação 4.4 é a seguinte

$$A = \frac{Q_0}{V_{av}} \tag{4.4}$$

onde

A = área da secção transversal [m$^2$ ].

Num canal em que a largura do escoamento superior (W) excede a profundidade média do escoamento por um fator de 20, a profundidade média do escoamento (d) pode aproximar-se do raio hidráulico (R) (Barfield *et al.,* 1981 citado em SAICEHS, 2001). O raio hidráulico aproximado a partir das relações hidráulicas de profundidade média (d) para várias formas de secção transversal é apresentado no Quadro 4.2.

Quadro 4.2 Profundidade média hidráulica (segundo Chow, 1959 e Koegelenberg *et al.*, 1997).

| Secção transversal | Profundidade média hidráulica (d) |
|---|---|
| Secção parabólica | (2/3) y |
| Retangular | y |
| Triangular | 0.5y |

Neste estudo e com base em observações de campo, foi assumida uma secção transversal parabólica para todos os cursos de água.

A profundidade média do escoamento (d) para uma secção transversal parabólica é dada por:

$$d = \frac{2}{3}y \quad (4.5a)$$

onde

d = profundidade média do escoamento [m], e

y = profundidade do escoamento [m].

O raio hidráulico pode assim ser estimado a partir da Equação 4.5b:

$$R = \frac{2}{3}y \quad \text{em que a largura do escoamento superior} > 20y \quad (4.5b)$$

onde

R = raio hidráulico da secção parabólica [m].

A profundidade do caudal foi obtida a partir das curvas de classificação apresentadas nas Figuras 3.15 a 3.17.

O declive do curso do rio foi estimado a partir do Modelo Digital de Elevação (DEM) utilizado pelo Atlas de Agro-hidrologia e Climatologia da África do Sul (Schulze *et al.,* 1997). O valor da rugosidade de base ($n_b$) foi estimado a partir dos valores contidos no Quadro 2.2 (Secção 2.9.3) e com base em observações de campo. As correcções para o valor da rugosidade de base para um determinado local foram retiradas do Quadro 2.3 (Secção 2.9.3). Assumindo uma secção transversal constante ao longo do curso do rio, a área (A) e o raio hidráulico (R) podem ser usados para calcular o perímetro molhado (P) como mostra a Equação 4.6.

$$P = \frac{A}{R} \tag{4.6}$$

onde

P = perímetro molhado [m].

As fórmulas para a área da secção transversal geométrica de vários canais são ilustradas no Quadro A.1 do Apêndice A. A largura do caudal superior (W) para uma área de secção transversal de um rio parabólico pode ser estimada como mostra a Equação 4.7 (Chow, 1959; Koegelenberg *et al.,* 1997):

$$W = \frac{3A}{2y} \tag{4.7}$$

onde

A = área da secção transversal [$m^2$], e

y = profundidade do escoamento [m].

O parâmetro Muskingum X foi calibrado através da minimização do erro entre o pico de descarga dos hidrogramas observados e calculados.

Após a calibração dos parâmetros Muskingum K (Figura 4.1) e X, os coeficientes de encaminhamento foram estimados utilizando as Equações 2.6a, 2.6b e 2.6c (Secção 2.1).

Tal como sugerido por Viessman *et al.* (1989), os valores negativos de $C_1$ devem ser evitados. Os valores negativos de $C_2$ não afectam os hidrogramas encaminhados. Os valores negativos de $C_1$ podem ser evitados satisfazendo a Equação 2.7 (Secção 2.1), que é repetida abaixo:

$$\frac{\Delta t}{K} > 2X$$

Após a determinação do parâmetro X, o intervalo de tempo de encaminhamento foi ajustado usando a relação dada na Figura 2.3 (Secção 2.1) (Cunge, 1969; citado por NERC, 1975).

Uma vez que $Q_t$, $I_t$, e $I_{t+1}$ são conhecidos para um dado incremento de tempo, $Q_{t+1}$ é calculado usando a Equação 2.13 (Secção 2.2) e repetido para sucessivos incrementos de tempo para estimar o hidrograma de escoamento. O afluxo lateral por unidade de comprimento (q) para cursos de rio mais longos foi estimado usando a Equação 2.15d (Secção 2.2) e adicionado ao escoamento calculado. Assumiu-se que o afluxo foi estimado a partir de uma única bacia hidrográfica a montante.

Da equação da continuidade,

$$Q = AV_w$$

onde

$Q$ = descarga [$m^3.s^{-1}$],

$A$ = área [$m^2$], e

$V_w$ = celeridade [$m.s^{-1}$].

O termo da área na Equação 2.15d pode ser substituído pela descarga como mostrado na seguinte Equação 4.8 (Fread, 1998).

$$q = \frac{\frac{1}{V_w}\left(\frac{I_j^{t+1}+Q_{j+1}^{t+1}}{2} - \frac{I_j^t+Q_{j+1}^t}{2}\right)}{\Delta t} + \frac{\beta\left(Q_{j+1}^{t+1}-I_j^{t+1}\right)+(1-\beta)\left(Q_{j+1}^t-I_j^t\right)}{\Delta L} \tag{4.8}$$

O valor de β situa-se entre 0,5-1 (Fread, 1998). Com base nos resultados obtidos, foi utilizado neste estudo um valor de 0,7 para a Trincheira II e a Trincheira III.

As caraterísticas do caudal, como a magnitude e o momento do pico de caudal, as formas do hidrograma e o volume do caudal, foram comparadas estatisticamente com os eventos observados. Os parâmetros K e X foram calibrados para cada evento analisado utilizando este método M-Cal.

O método de estimativa Muskingum de três parâmetros (M-Ma), descrito na Secção 2.3, também foi aplicado.

### 4.1.2O método M-Ma

Os parâmetros K, X, e $\alpha$ foram estimados utilizando o método M-Ma, tratando todo o curso como um único curso. Os três coeficientes ($d_1$ , $d_2$ , e $d_3$ ) na Equação 2.20 foram estimados diretamente utilizando o método matricial. Depois de os dados de caudal primário terem sido reformatados em intervalos de tempo fixos, a inversão da matriz foi realizada para cada evento selecionado utilizando o pacote de software estatístico SPSS (Versão 11.0.1) (SPSS11, 2003).

Utilizando os coeficientes de encaminhamento ($d_1$ , $d_2$ , e $d_3$ ) obtidos diretamente a partir do cálculo da matriz, e uma vez que $I_t$ e $I_{t+1}$ são conhecidos para cada incremento de tempo, o encaminhamento é realizado resolvendo a Equação 2.5 (Secção 2.1) para incrementos de tempo sucessivos.

Os três coeficientes $C_i$ da Equação 2.5 (Secção 2.1) podem ser derivados dos coeficientes $d_i$ das Equações 2.20a, 2.20b e 2.20c, como indicado na Secção 2.3. Os cálculos foram utilizados para calcular numericamente os parâmetros K, X e $\alpha$ a partir das Equações 2.21a, 2.21b e 2.21c (Secção 2.3).

## 4. 2Encaminhamento de cheias em troços de rio não medidos

Quando o traçado é efectuado em bacias hidrográficas não avaliadas, os parâmetros do modelo têm de ser estimados sem hidrogramas observados. Os hidrogramas de afluência às bacias hidrográficas a jusante podem ser simulados utilizando um modelo hidrológico como o modelo ACRU (Schulze, 1995). No entanto, para este estudo, são utilizados os hidrogramas de afluência observados nos troços.

### 4.2.1O método MC-E

Em bacias hidrográficas não cobertas, onde não estão disponíveis hidrogramas de entrada e saída observados, tem de ser derivada uma metodologia para estimar estes hidrogramas. Tal como referido por Angus (1987), o escoamento superficial da precipitação pode ser estimado utilizando o modelo distribuído ACRU. Por conseguinte, os hidrogramas de afluência para bacias hidrográficas não avaliadas podem ser simulados utilizando um modelo hidrológico. A profundidade do caudal e a descarga podem ser derivadas de relações empíricas recomendadas pelo Serviço de Reclamação dos EUA (Chow, 1959), ou de outras teorias de regime de caudal adequadas a rios com caraterísticas semelhantes (Secção 2.8). Consequentemente, os parâmetros K e X do Muskingum podem ser estimados em trechos de rios não medidos usando hidrogramas de entrada e dimensões de canal estimadas empiricamente. Neste método, os dados observados do caudal primário obtidos do Departamento de Recursos Hídricos e Florestas (DWAF) e as variáveis do canal estimadas empiricamente são utilizados para a estimativa dos parâmetros K e X do Muskingum.

O parâmetro Muskingum K é estimado a partir da Equação 2.9 da seguinte forma (Secção 2.2):

$$K = \frac{\Delta L}{V_w}$$

Para uma secção transversal parabólica, a celeridade ($V_w$) pode ser estimada a partir do quadro 4.1 do seguinte modo

$$V_w = \frac{11}{9} V_{av}$$

A velocidade média ($V_{av}$) é calculada a partir da Equação 2.32b de Manning da seguinte forma (Chow, 1959):

$$V_{av} = \frac{1}{n} R^{2/3} \sqrt{S}$$

O raio hidráulico (R) é estimado a partir do Quadro 4.2, uma vez que a profundidade do escoamento (y) foi estimada a partir das relações empíricas apresentadas na Equação 2.31b.

A partir da equação de Manning, um fator de secção, tal como indicado na Equação 2.32a (Secção 2.8), pode ser calculado como (Chow, 1959):

$$AR^{2/3} = \frac{Q_0 n}{\sqrt{S}}$$

A partir da Equação 2.11 (secção 2.2), o caudal de referência é estimado como

$$Q_0 = Q_b + 0.5(Q_p - Q_b)$$

Uma vez que o caudal de referência ($Q_0$ ), o coeficiente de rugosidade (n) e o declive (S) são conhecidos para a extensão do rio e para os eventos em consideração, as variáveis desconhecidas na Equação 2.32a (Secção 2.8) devem ser estimadas utilizando variáveis conhecidas. Isto pode ser conseguido ou usando regras empíricas que relacionam descarga e profundidade, declive, ou usando gráficos que relacionam o fator de secção com a profundidade do fluxo (Chow, 1959). O gráfico é apresentado na Figura A.1 do Apêndice A.

A equação 2.31b relaciona o perímetro molhado com a descarga para rios naturais da seguinte forma (Secção 2.8):

$$P = 4.71\sqrt{Q_0} \qquad \text{para canais fluviais estáveis}$$

onde

P = perímetro molhado [m], e

$Q_0$ = caudal de referência [$m^3 .s^{-1}$ ].

Pode assumir-se que o raio hidráulico (R) e a profundidade média hidráulica (d) são iguais quando a largura do escoamento superior excede a profundidade média do escoamento por um fator de 20 m (Secção 4.1). De acordo com as equações da área de escoamento contidas no Quadro A.1 (Apêndice A), para uma secção parabólica, pode assumir-se que o perímetro molhado (P) é igual à largura do escoamento superior (W). Por conseguinte, a largura do caudal superior (W) é substituída pelo perímetro molhado (P), como se mostra na Equação 4.9 para um canal parabólico.

Quando o raio hidráulico é igualado à profundidade hidráulica média, então, a partir do Quadro A.1 (Apêndice A), a largura (W) e o perímetro (P) podem ser verificados como sendo iguais para uma equação parabólica, como se segue:

A área da secção parabólica é calculada como

$$A = \frac{2yW}{3} \tag{4.9a}$$

e para canais parabólicos largos, o raio hidráulico pode ser estimado como

$$R \cong d = \frac{2y}{3} \tag{4.9b}$$

O perímetro molhado é calculado como:

$$P = \frac{A}{R} \tag{4.9c}$$

Substituindo as Equações 4.9a e 4.9b na Equação 4.9c, obtém-se

$$P = \left(\frac{2yW}{3}\right) \Big/ \left(\frac{2y}{3}\right) = W \tag{4.9d}$$

A equação 4.9d pode então ser substituída na seguinte equação como:

$$AR^{2/3} = \left(\frac{2yP}{3}\right) * \left(\frac{2y}{3}\right)^{2/3} = \frac{Qn}{\sqrt{S}} \tag{4.9e}$$

Então, resolvendo para y na Equação 4.9e, a profundidade do fluxo (y) pode ser estimada como:

$$y = \left(\frac{Q_0 n}{0.508\,P\sqrt{S}}\right)^{3/5} \tag{4.10}$$

Para o método MC-E, a Equação 4.10 foi utilizada para estimar a profundidade do caudal em bacias hidrográficas não cobertas, a fim de estimar os parâmetros Muskingum K e X.

Um declive representativo do curso do rio pode ser estimado a partir do perfil do rio, conforme indicado na Secção 3.4.

O coeficiente de rugosidade (n), o declive (S) e o raio hidráulico (R) podem ser substituídos na Equação 2.32b de Manning para estimar a velocidade média ($V_{av}$).

A velocidade média ($V_{av}$) é substituída na Equação 4.2 para calcular a celeridade ($V_w$) e, em seguida, o termo de celeridade é substituído na Equação 2.9 (Secção 2.2) para calcular o parâmetro Muskingum K.

A velocidade média é calculada a partir da Equação 2.32b. A equação de Manning é então utilizada para calcular a celeridade e a área de escoamento do escoamento de referência (Chow, 1959; Linsley *et al.*, 1988; KenBohuslay, 2004). Em alternativa, a área do escoamento pode ser estimada utilizando parâmetros geométricos, como se mostra na seguinte equação para uma secção parabólica:

$$A = \frac{2yP}{3} \tag{4.11}$$

onde

A = área da secção transversal [$m^2$],
P = perímetro molhado (da Equação 2.29) [m], e
y = profundidade do escoamento [m].

A partir da Equação 4.9d, assume-se que o perímetro molhado (P) e a largura do caudal superior (W) são iguais.

A largura do caudal superior (W), o caudal de referência ($Q_0$ ), o declive do rio (S), a celeridade ($V_w$ ) e o comprimento da sub-alcance (ΔL) são substituídos nas Equações 2.9 e 2.10 (Secção 2.2) para estimar os parâmetros K e X do Muskingum da seguinte forma

$$K = \frac{\Delta L}{V_w}$$

$$X = \frac{1}{2} - \frac{Q_0}{2SWV_w\Delta L}$$

Neste método, a Equação 4.10 foi utilizada para estimar a profundidade do fluxo do canal.

#### 4.2.2O método MC-X

Um outro método de estimar a profundidade do caudal em bacias hidrográficas não avaliadas é através do desenvolvimento de uma curva de classificação para uma secção selecionada nos alcances (Smithers e Caldecott, 1995). Assim, o encaminhamento de cheias pode ser aplicado utilizando secções transversais de canal selecionadas. Para uma secção transversal de canal selecionada observada no campo, foi desenvolvida uma curva de classificação com base nas relações de largura e profundidade máximas.

A secção transversal assumida é dividida em profundidades incrementais da secção transversal e a área cumulativa correspondente é calculada a partir das propriedades geométricas de uma forma de canal parabólico, como se mostra no Quadro A.1 (Apêndice A). A forma parabólica é utilizada para ilustrar os passos de cálculo.

Assumindo uma relação linear entre a largura e a profundidade da secção do rio, para cada profundidade dada, uma largura de topo correspondente pode ser proporcionada a partir da relação entre a profundidade e a largura máximas observadas contidas no Quadro 3.2 (Secção 3.4) como se segue:

$$W_i = \frac{W_{Max}}{y_{Max}} y_i \quad (4.12)$$

onde

$y_i$ = profundidade dada [m],

$W_i$ = largura superior [m],

$W_{Max}$ = largura máxima do topo [m] do quadro 3.2, e

$y_{Max}$ = profundidade máxima [m] do quadro 3.2.

O perímetro molhado para cada sub-secção é calculado a partir das equações geométricas contidas no Quadro A.1 (Apêndice A). A secção parabólica é utilizada como exemplo para mostrar os cálculos:

$$P_i = W_i + \frac{8y^2_i}{3W_i} \tag{4.13}$$

onde

$P_i$ = perímetro molhado para uma dada subsecção [m],

$W_i$ = largura superior das subsecções [m], e

$y_i$ = profundidade determinada para a subsecção [m].

A área de escoamento pode ser estimada a partir da equação da continuidade ou das propriedades geométricas para uma forma parabólica ilustrada no Quadro A.1 (Apêndice A).

$$A = \frac{2yW}{3}$$

onde

A = área de escoamento [$m^2$ ],

W = largura do escoamento superior [m], e

y = profundidade do escoamento [m].

O raio hidráulico é calculado a partir da área acumulada e do perímetro molhado da seguinte forma

$$R = \frac{A}{P} \tag{4.14}$$

Em seguida, a descarga cumulativa correspondente é calculada a partir da equação de Manning da seguinte forma:

$$Q = A\frac{1}{n}R^{2/3}\sqrt{S} \qquad (4.15)$$

onde

A = área [$m^2$ ], e

Q = descarga [$m^3 .s^{-1}$ ].

Uma vez que se conhecem os coeficientes de rugosidade (n), o raio hidráulico (R), a área de escoamento (A) e o declive (S) de cada troço, a descarga pode ser calculada a partir da Equação 4.15. Assim, a partir da curva de classificação derivada, a profundidade do escoamento pode ser estimada para uma dada descarga e a largura e a celeridade da onda correspondentes podem ser calculadas utilizando a Equação 4.12 e a Tabela 4.1, respetivamente. As equações 2.9 e 2.10 são então utilizadas para estimar os parâmetros K e X.

## 4. 3Desempenho do modelo e Sensibilidade

É geralmente aceite que o resultado de um modelo de simulação hidrológica não será idêntico, em todos os aspectos, ao sistema real que se propõe representar. No entanto, é necessário que os resultados sejam suficientemente próximos do sistema real para que o modelo possa ser considerado um modelo aceitável (Green e Stephenson, 1985).

Tal como sugerido por Green e Stephenson (1985), para comparar os resultados de um modelo com os dados observados, é necessário identificar primeiro os critérios para efetuar essa comparação. A comparação visual através da representação gráfica dos hidrogramas simulados e observados constitui um meio valioso de avaliar a exatidão dos resultados do modelo. No entanto, as comparações visuais tendem geralmente a ser subjectivas e necessitam de uma análise estatística adicional. Para ultrapassar estas dificuldades, bem como para realçar certas peculiaridades do modelo, podem ser utilizados procedimentos estatísticos de adequação.

Embora a fiabilidade de um modelo de simulação hidrológica dependa da qualidade dos dados de entrada fornecidos, a precisão dos hidrogramas simulados deve ser avaliada comparando os hidrogramas calculados com os hidrogramas observados (Caldecott, 1989). Além disso, a fiabilidade de uma estimativa do escoamento superficial feita para uma bacia hidrográfica não coberta por uma rede de drenagem é função da fiabilidade do modelo de escoamento superficial, do tipo de equações preditivas e dos seus parâmetros e coeficientes, bem como da sabedoria e experiência do analista (US Army Corps of Engineers, 1994a). Por conseguinte, a diferença entre o hidrograma observado e o hidrograma calculado é analisada estatisticamente através da estatística do erro médio quadrático (RMSE) e da boa qualidade de ajustamento. Um procedimento estatístico de adequação implica um procedimento empregue para medir o desvio do resultado simulado em relação ao conjunto de dados de entrada observados (Green e Stephenson, 1985).

Embora tenham sido propostos numerosos critérios de adequação para avaliar a exatidão dos resultados simulados, determinados aspectos podem dar mais peso a certos interesses dos resultados (Green e Stephenson, 1985). Por conseguinte, devem ser aplicadas diferentes estatísticas de adequação para avaliar diferentes componentes do hidrograma, como o volume da cheia, a forma do hidrograma, a magnitude e o momento do pico de caudal. Uma vez que um dos objectivos desta investigação é calcular hidrogramas em extensões não cobertas por barragens, os critérios de avaliação foram selecionados conforme descrito abaixo.

A equação 4.16 foi utilizada para estimar os erros efectivos nos hidrogramas calculados. O RMSE calcula a magnitude do erro nos hidrogramas calculados (Schulze *et al.*, 1995).

$$\mathrm{RMSE} = \sqrt{\frac{\sum_{i=n}^{n}(Q_{comp}-Q_{obs})^2}{n}} \quad i=1, 2, 3..., n \qquad (4.16)$$

onde

RMSE = Root-Mean-Square Error [$m^3.s^{-1}$ por evento],

$Q_{comp}$ = caudal calculado [$m^3.s^{-1}$], e

$Q_{obs}$ = caudal observado [$m^3.s^{-1}$].

Uma vez que o caudal de pico é importante num modelo de evento único, foi efectuada uma comparação entre os caudais de pico calculados e observados, o tempo de pico e o volume, conforme indicado na Equação 4.17 (Green e Stephenson, 1985):

$$E_{peak} = \frac{Q_{p\text{-}comp} - Q_{p\text{-}obs}}{Q_{p\text{-}obs}} 100 \qquad (4.17a)$$

onde

$E_{peak}$ = erro de caudal máximo [%],

$Q_{p\text{-}comp}$ = caudais de pico calculados [$m^3.s^{-1}$], e

$Q_{p\text{-}obs}$ = caudais de ponta observados [$m^3.s^{-1}$].

$$E_{time} = \frac{t_{p\text{-}comp} - t_{p\text{-}obs}}{t_{p\text{-}obs}} 100 \qquad (4.17b)$$

onde

$E_{time}$ = erro em tempo de pico,

$t_{p\text{-}comp}$ = tempo em que ocorre $Q_{comp}$ [s], e

$t_{p\text{-}obs}$ = tempo em que ocorre $Q_{obs}$ [s].

$$E_{volume} = \frac{V_{comp} - V_{obs}}{V_{obs}} 100 \qquad (4.17c)$$

onde

$E_{volume}$ = erro de volume de pico [%],

$V_{comp}$ = volume total calculado [$m^3$], e

$V_{obs}$ = volume total observado [$m^3$].

Embora as estatísticas RMSE, $E_{peak}$, $E_{time}$ e $E_{volume}$ possam parecer razoáveis, as formas dos respectivos hidrogramas podem ser diferentes. Nash e Sutcliffe (1970, citados por Green e Stephenson, 1985) propuseram um coeficiente adimensional de eficiência do modelo (E). O hidrograma calculado ajusta-se melhor ao hidrograma observado quando o coeficiente de eficiência do modelo (E) se aproxima de 1 (Green e Stephenson, 1985). Assim, a comparação da forma do hidrograma foi estimada da seguinte forma:

$$E = \frac{F_0^2 - F^2}{F_0^2} \qquad (4.18)$$

onde

$$F^2 = \sum_{i=1}^{n}\left[Q_{obs}(t) - Q_{comp}(t)\right]^2,$$

$$F_0^2 = \sum_{i=1}^{n}[Q_{Obs.}(t) - Q_m]^2,$$

$Q_m$ = média dos caudais observados [$m^3.s^{-1}$], e

n = número de valores de dados.

Para além das limitações do método Muskingum-Cunge, espera-se que as incertezas na estimativa dos parâmetros da bacia hidrográfica, tais como o declive do curso de água, os coeficientes de rugosidade e a geometria do canal, afectem os hidrogramas simulados. Por conseguinte, para além dos resultados da aplicação da metodologia discutida neste capítulo, a análise de sensibilidade dos parâmetros da bacia hidrográfica, tais como os coeficientes de rugosidade, o declive e a geometria do curso de água, é apresentada no Capítulo 5.

# 5. RESULTADOS

Os resultados da aplicação da metodologia descrita no Capítulo 4 estão contidos neste capítulo e incluem tanto os resultados que utilizam parâmetros calibrados, para avaliar o desempenho do método Muskingum, como os resultados da utilização do método Muskingum-Cunge, para avaliar o desempenho do método em bacias hidrográficas não cobertas por barragens.

## 5. 1Roteamento de cheias utilizando hidrogramas de entrada e saída observados

Foi efectuado o encaminhamento das cheias utilizando parâmetros calibrados e os eventos que apresentavam bons hidrogramas de entrada e saída foram considerados para posterior análise de sensibilidade. Foram extraídos eventos observados individuais de cada sub-bacia, conforme descrito na secção 4.3. Os hidrogramas extraídos foram analisados utilizando os métodos de estimativa de parâmetros M-Cal e M-Ma. Os pormenores dos resultados e os hidrogramas representados constam das subsecções seguintes.

### 5.1. 1Alcance-I

As caraterísticas e os parâmetros estimados da bacia hidrográfica para a zona de influência I constam dos quadros 5.1 a 5.3.

Quadro 5.1 Parâmetros estimados para o Reach-I utilizando o método M-Cal.

| Alcance | Evento | ΔL [m] | Δt [s] | A [m]$^2$ | $Q_0$ [m$^3$.s ]$^{-1}$ | K[s] | X | $C_0$ | $C_1$ | $C_2$ |
|---|---|---|---|---|---|---|---|---|---|---|
| I | 1 | 2045 | 1800 | 65.90 | 61.26 | 1800 | 0.00 | 0.33 | 0.33 | 0.33 |
| | 2 | 2045 | 2520 | 82.21 | 54.58 | 2520 | 0.00 | 0.33 | 0.33 | 0.33 |
| | 3 | 4090 | 1800 | 35.73 | 66.43 | 1800 | 0.00 | 0.33 | 0.33 | 0.33 |

Quadro 5.2 Parâmetros estimados para o Reach-I utilizando o método M-Ma.

| Alcance | Evento | ΔL [m] | Δt [s] | A [m]$^2$ | $Q_0$ [m$^3$.s ]$^{-1}$ | K [s] | X | $C_0$ | $C_1$ | $C_2$ | α |
|---|---|---|---|---|---|---|---|---|---|---|---|
| I | 1 | 4090 | 1800 | 65.90 | 61.26 | 4895 | -0.26 | -0.06 | 0.31 | 0.75 | -0.07 |
| | 2 | 4090 | 2520 | 82.21 | 54.58 | 3700 | -0.02 | 0.23 | 0.27 | 0.50 | -0.12 |
| | 3 | 4090 | 1800 | 35.73 | 66.43 | 2748 | -0.33 | 0.00 | 0.40 | 0.60 | -0.03 |

Os hidrogramas calculados e observados a partir da aplicação dos métodos M-Cal e M-Ma para eventos na Trincheira-I são apresentados nas Figuras 5.1 a 5.3.

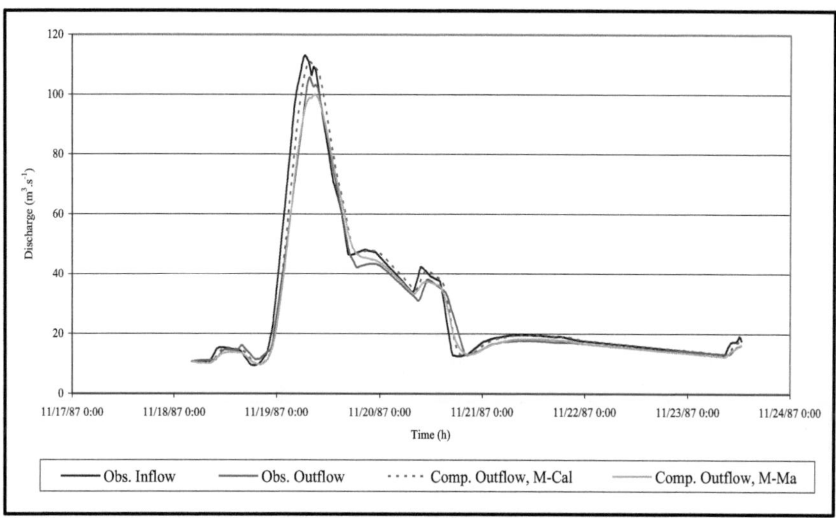


Figura 5.1 Hidrogramas observados e calculados do Evento-1 na Trincheira-I.

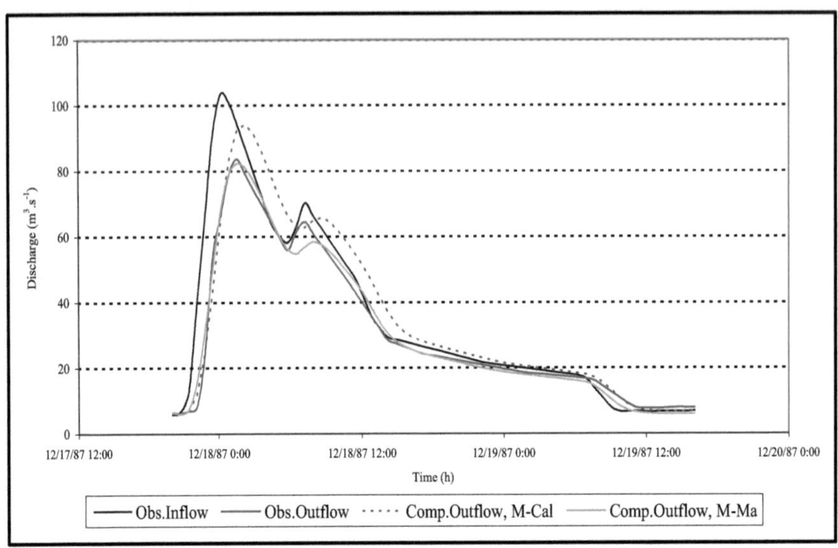


Figura 5.2 Hidrogramas observados e calculados do Evento-2 na Trincheira-I.

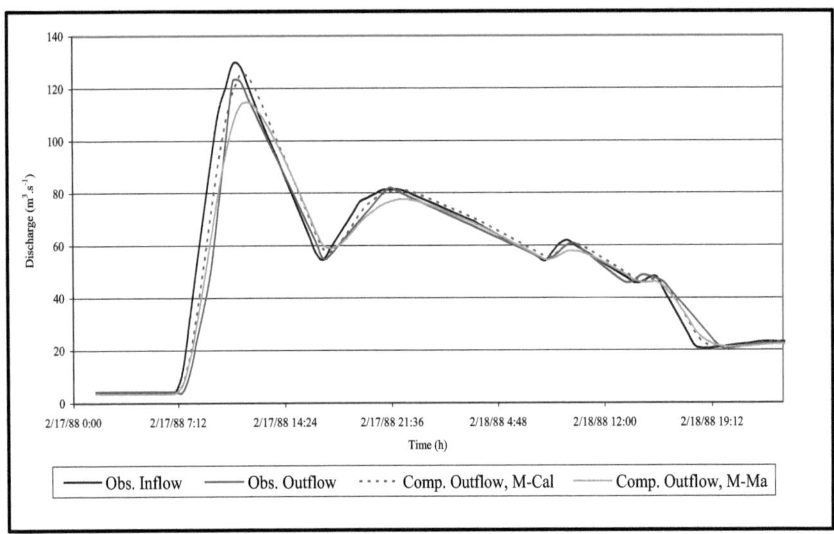


Figura 5.3 Hidrogramas observados e calculados do Evento-3 na Trincheira-I.

Os resultados da utilização dos métodos de estimativa dos parâmetros M-Cal e M-Ma para o Reach-I são apresentados nos Quadros 5.3 e 5.4.

Quadro 5.3 Resultados para o Reach-I utilizando o método M-Cal.

| Alcance | Eventos | Obs Pico fluxo $[m^3.s]^{-1}$ | Comp Pico fluxo $[m^3.s]^{-1}$ | Pico fluxo Erro [%] | Pico calendarização Erro [%] | RMSE $[m^3.s]^{-1}$ | (E) | Obs Volume [mcm] | Volume Comp [mcm] | Volume Erro [%] |
|---|---|---|---|---|---|---|---|---|---|---|
| I | 1 | 105.70 | 111.07 | 5.08 | -1.59 | 3.34 | 0.98 | 12.63 | 13.44 | 6.44 |
| | 2 | 83.67 | 94.27 | 12.67 | -5.47 | 6.42 | 0.92 | 4.88 | 5.49 | 12.58 |
| | 3 | 122.79 | 125.54 | 2.24 | -5.00 | 3.80 | 0.98 | 10.72 | 11.00 | 2.61 |

mcm = milhões de metros cúbicos, E= Eficiência do modelo

Quadro 5.4 Resultados para o Reach-I utilizando o método M-Ma.

| Alcance | Eventos | Obs Pico escoamento $[m^3.s]^{-1}$ | Comp Pico Fluxo de saída $[m^3.s]^{-1}$ | Pico fluxo Erro [%] | Pico calendarização Erro [%] | RMSE $[m^3.s]^{-1}$ | (E) | Volume Obs [mcm] | Volume Comp [mcm] | Volume Erro [%] |
|---|---|---|---|---|---|---|---|---|---|---|
| I | 1 | 103.20 | 100.00 | -3.10 | 1.59 | 1.69 | 0.99 | 12.63 | 12.57 | 0.52 |
| | 2 | 83.60 | 82.33 | -1.52 | 0.00 | 2.37 | 1.00 | 4.88 | 4.84 | 0.81 |
| | 3 | 122.40 | 114.79 | -6.22 | 0.00 | 2.97 | 0.99 | 10.72 | 10.62 | 0.96 |

mcm = milhões de metros cúbicos, E= Eficiência do modelo

A partir das análises de acontecimentos efectuadas com o método M-Cal e o método M-Ma apresentadas nos quadros 5.1 a 5.4, verifica-se que os métodos apresentam valores K e X diferentes. O parâmetro K dos métodos M-Cal e M-Ma são diferentes. Os parâmetros K do método M-Ma são para todo o curso de água, mas os parâmetros K do método M-Cal são para os cursos de água de sub-encaminhamento ($\Delta L$). Os valores de X são negativos no método M-Ma. Tal como referido por O'Donnell *et al.* (1988), o procedimento de calibração requer a análise de muitos eventos para definir o valor de X mais apropriado para o curso de água selecionado. Uma vez que o método M-Ma não pode ser aplicado em bacias hidrográficas não colectadas, pois requer a observação de hidrogramas de entrada e saída, não é necessário analisar muitos eventos para a avaliação do método M-Ma no presente estudo.

A partir dos resultados do método M-Cal para a Trincheira-I, constantes do Quadro 5.3, o caudal de pico calculado é superior ao caudal de pico observado para os três eventos considerados. Isto pode ser explicado pelo facto de a equação M-Cal não considerar quaisquer escoamentos laterais que possam ocorrer devido à infiltração e a actividades como a irrigação ou o desvio para outros fins. Além disso, a estimativa incorrecta do declive pode ter contribuído para estas discrepâncias, o que, por sua vez, afectou o cálculo dos hidrogramas de escoamento.

O valor negativo de$\alpha$ apresentado no Quadro 5.2 indica que não existe afluxo lateral, mas que existem escoamentos a partir do curso principal. Apesar disso, ambos os métodos apresentam pequenos valores RMSE e valores 'E' que são quase iguais a 1, sugerindo um pequeno erro nos hidrogramas calculados e uma forma semelhante entre os hidrogramas observados e calculados.

Os hidrogramas de escoamento calculados gerados pelo método M-Ma (Quadro 5.4 e Figura 5.1) assemelham-se muito ao hidrograma de escoamento observado, com exceção dos picos ligeiramente mais baixos observados nos Eventos 1 e 3. Esta discrepância pode ser atribuída à calibração direta de parâmetros a partir dos hidrogramas de afluência e de escoamento observado no método M-Ma.

Embora os parâmetros K e X difiram entre os métodos M-Cal e M-Ma, os hidrogramas calculados apresentam caraterísticas semelhantes às do hidrograma observado, incluindo o caudal de ponta, o tempo de caudal de ponta, os volumes e a forma geral. No entanto, os valores negativos para o erro de pico de caudal, o erro de tempo de pico e o erro de volume indicam que os resultados calculados são geralmente inferiores aos valores observados. Apesar destas diferenças, os valores RMSE obtidos a partir das análises sugerem que os erros são relativamente pequenos. É de notar que um valor X de 0,0 no método M-Cal implica que o armazenamento é apenas uma função do escoamento.

Com base nos resultados de ambos os métodos, pode concluir-se que o método Muskingum, com parâmetros calibrados, produz hidrogramas calculados na Trincheira-I que se assemelham muito aos hidrogramas observados em termos de volume e forma. Comparando os dois métodos, o método M-Ma apresentou um desempenho ligeiramente melhor do que o método M-Cal, como indicado pelas estatísticas de erro E e de volume.

## 5.1. 2Alcance-II

As caraterísticas da bacia hidrográfica e os parâmetros estimados para o Reach-II constam dos Quadros 5.5 a 5.8.

Quadro 5.5 Parâmetros estimados para o Reach-II utilizando o método M-Cal.

| Alcance | Evento | ΔL [m] | Δt [s] | A [m ]$^2$ | $Q_0$ [m$^3$ .s ]$^{-1}$ | K [s] | X | $C_0$ | $C_1$ | $C_2$ |
|---|---|---|---|---|---|---|---|---|---|---|
| II | 1 | 7777 | 5400 | 23.18 | 27.32 | 5400 | 0.49 | 0.98 | 0.01 | 0.01 |
| | 2 | 7777 | 5400 | 26.64 | 31.39 | 5400 | 0.49 | 0.98 | 0.01 | 0.01 |
| | 3 | 7777 | 5400 | 20.50 | 30.26 | 5400 | 0.49 | 0.98 | 0.01 | 0.01 |
| | 4 | 7777 | 5400 | 22.10 | 26.04 | 5400 | 0.49 | 0.98 | 0.01 | 0.01 |

Quadro 5.6 Parâmetros estimados para o Reach-II utilizando o método M-Ma.

| Alcance | Evento | ΔL [m] | Δt [s] | A [m ]$^2$ | $Q_0$ [m$^3$ .s ]$^{-1}$ | K [s] | X | $C_0$ | $C_1$ | $C_2$ | α |
|---|---|---|---|---|---|---|---|---|---|---|---|
| II | 1 | 54440 | 5400 | 23.18 | 27.32 | 59090 | 0.16 | 0.23 | -0.13 | 0.90 | 0.20 |
| | 2 | 54440 | 5400 | 26.64 | 31.39 | 99491 | 0.23 | 0.32 | -0.25 | 0.93 | 0.04 |
| | 3 | 54440 | 5400 | 20.50 | 30.26 | 32400 | -0.37 | -0.20 | 0.31 | 0.89 | 0.20 |
| | 4 | 54440 | 5400 | 22.10 | 26.04 | 9200 | -4.09 | -0.71 | 0.81 | 0.89 | -0.06 |

Os hidrogramas calculados e observados para eventos na Trincheira II utilizando os métodos M-Cal e M-Ma são apresentados nas Figuras 5.4 a 5.7.

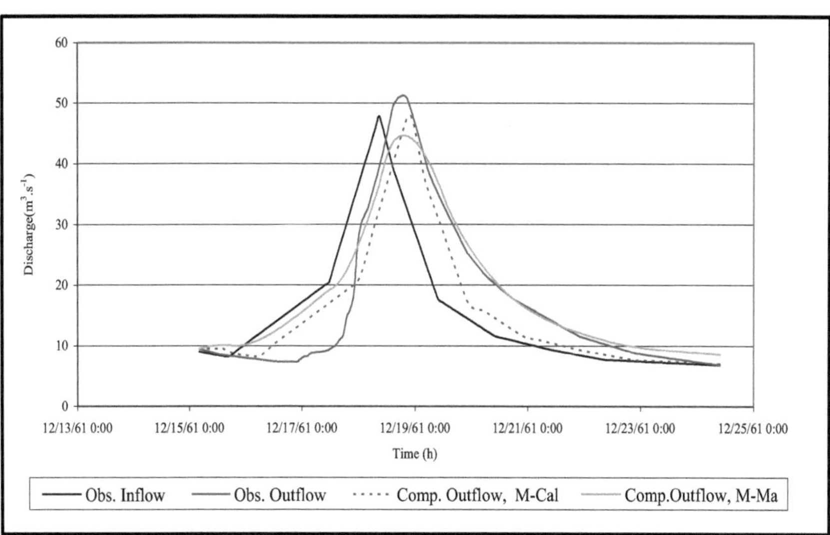


Figura 5.4 Hidrogramas observados e calculados do Evento-1 na Trincheira-II.

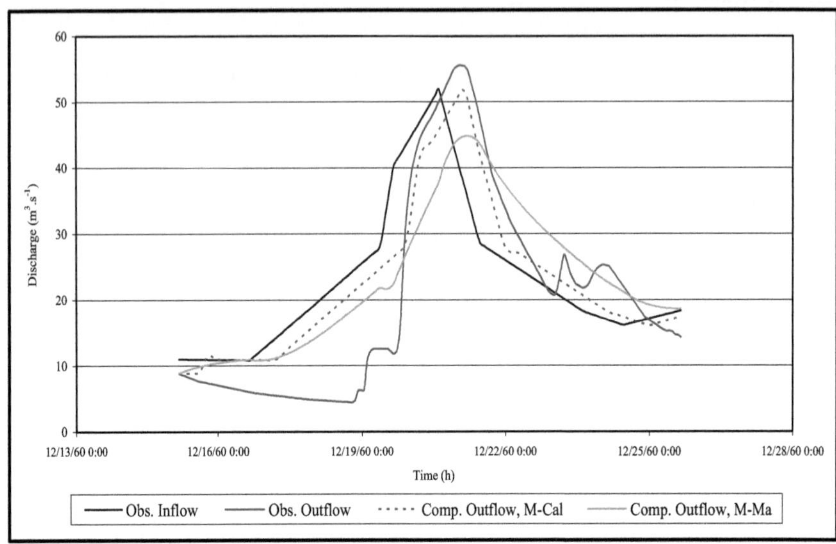


Figura 5.5 Hidrogramas observados e calculados do Evento-2 na Trincheira II.

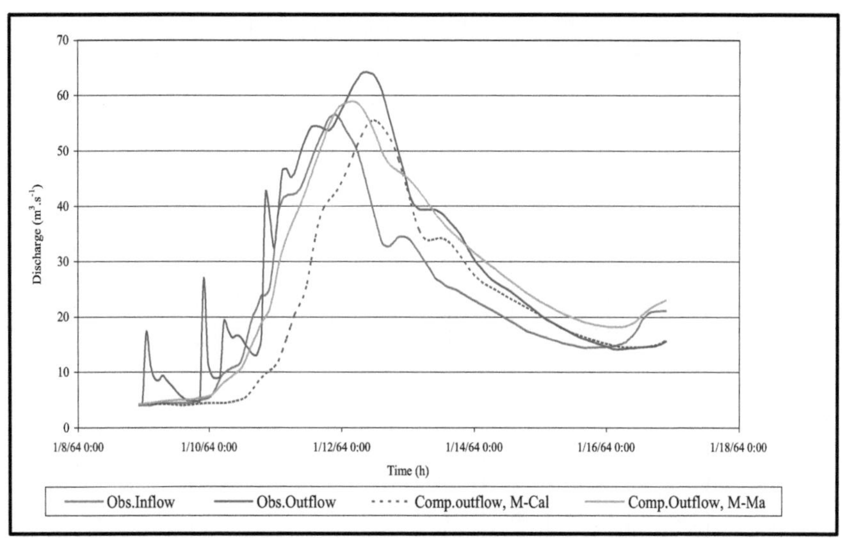


Figura 5.6 Hidrogramas observados e calculados do Evento-3 na Trincheira-II.

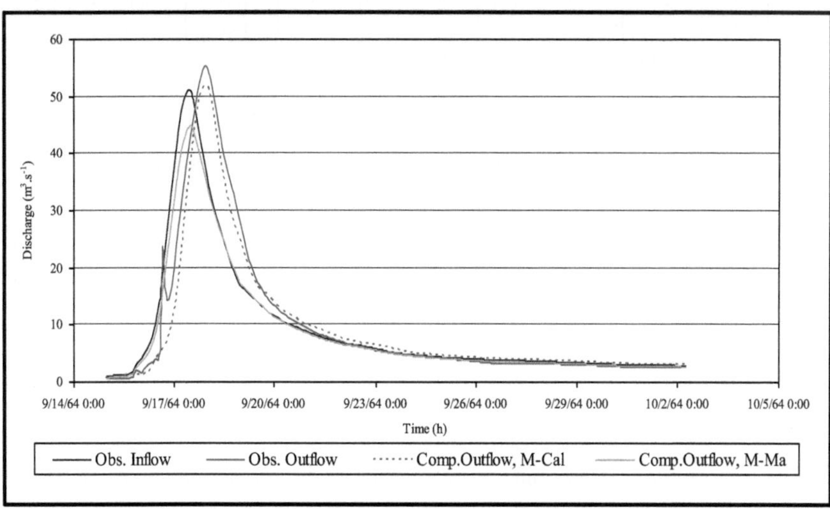


Figura 5.7 Hidrogramas observados e calculados do Evento-4 na Trincheira II.

Os resultados das análises de encaminhamento de cheias para a Trincheira II utilizando o método M-Cal e o método M-Ma constam dos Quadros 5.7 e 5.8.

Quadro 5.7 Resultados para o Reach-II utilizando o método M-Cal.

| Alcance | Evento | Obs Pico escoamento [m³ .s ]-1 | Comp Pico escoamento [m³ .s ]-1 | Pico fluxo Erro [%] | Pico calendarização Erro [%] | RMSE [m³ .s ]-1 | (E) | Obs Volume [mcm] | Comp Volume [mcm] | Volume Erro [%] |
|---|---|---|---|---|---|---|---|---|---|---|
| II | 1 | 51.25 | 47.98 | -6.38 | 3.30 | 4.39 | 0.88 | 13.63 | 12.39 | -9.08 |
| | 2 | 55.52 | 51.85 | -6.61 | 1.03 | 7.07 | 0.83 | 18.54 | 20.57 | 10.96 |
| | 3 | 64.22 | 55.53 | -13.53 | -2.87 | 10.50 | 0.65 | 19.87 | 15.45 | -22.24 |
| | 4 | 55.40 | 51.87 | -6.36 | 1.60 | 2.24 | 0.97 | 14.39 | 13.74 | -4.52 |

mcm = milhões de metros cúbicos, E= Eficiência do modelo

Quadro 5.8 Resultados para o Reach-II utilizando o método M-Ma.

| Alcance | Evento | Obs Pico caudal [m³ .s ]-1 | Comp Pico [m³ .s ]-1 | Pico fluxo Erro [%] | Pico calendarização Erro [%] | RMSE [m³ .s ]-1 | (E) | Obs Volume [mcm] | Volume Comp [mcm] | Volume Erro [%] |
|---|---|---|---|---|---|---|---|---|---|---|
| II | 1 | 51.25 | 44.67 | -12.83 | 0.00 | 3.66 | 0.91 | 13.63 | 14.85 | 8.97 |
| | 2 | 55.52 | 44.85 | -19.23 | 1.03 | 1.56 | 0.99 | 18.54 | 20.95 | 13.01 |
| | 3 | 64.22 | 58.96 | -8.19 | 0.00 | 5.93 | 0.89 | 19.87 | 18.89 | -4.92 |
| | 4 | 55.40 | 44.86 | -19.03 | 1.60 | 5.14 | 0.84 | 14.39 | 12.91 | -10.24 |

mcm = milhões de metros cúbicos, E= Eficiência do modelo

Na Trincheira-II, o afluxo lateral ocorre devido ao comprimento da trincheira. Por conseguinte, o cálculo dos hidrogramas inclui a adição de afluência lateral ao curso principal.

Os erros de volume excedem 5% para os Eventos 1, 2 e 3 utilizando o método M-Cal, e para os Eventos 1, 2 e 4 utilizando o método M-Ma. Apesar disso, ao examinar os hidrogramas, os valores RMSE e E, torna-se evidente que a forma dos hidrogramas calculados se assemelha muito à dos hidrogramas de escoamento observados para ambos os métodos.

Embora os parâmetros K e X difiram entre os dois métodos, os hidrogramas calculados assemelham-se muito aos hidrogramas de escoamento observados em termos de pico de caudal, tempo de pico de caudal, volume e forma geral. O valor de X = 0,49 sugere uma ponderação igual entre os hidrogramas de afluxo e de escoamento no procedimento de encaminhamento.

## 5.1. 3Reach-III

As caraterísticas e os parâmetros da bacia hidrográfica estimados para o Reach-III constam dos Quadros 5.9 e 5.10.

Quadro 5.9 Parâmetros estimados para o Reach-III utilizando o método M-Cal.

| Alcance | Evento | ΔL [m] | Δt [s] | A [m ]$^2$ | $Q_0$ [m$^3$ .s ]$^{-1}$ | K [s] | X | $C_0$ | $C_1$ | $C_2$ |
|---|---|---|---|---|---|---|---|---|---|---|
| III | 1 | 4000 | 9000 | 50.85 | 18.49 | 9000 | 0.49 | 0.98 | 0.01 | 0.01 |
| | 2 | 4000 | 9000 | 43.40 | 26.31 | 9000 | 0.49 | 0.98 | 0.01 | 0.01 |
| | 3 | 10000 | 9000 | 24.30 | 22.09 | 9000 | 0.50 | 1.00 | 0.00 | 0.00 |
| | 4 | 10000 | 9000 | 13.08 | 11.89 | 9000 | 0.39 | 0.80 | 0.10 | 0.10 |

Quadro 5.10 Parâmetros estimados para o Reach-III utilizando o método M-Ma.

| Alcance | Evento | ΔL [m] | Δt [s] | A [m ]$^2$ | $Q_0$ [m$^3$ .s ]$^{-1}$ | K [s] | X | $C_0$ | $C_1$ | $C_2$ | α |
|---|---|---|---|---|---|---|---|---|---|---|---|
| III | 1 | 20000 | 9000 | 50.85 | 18.49 | 5462 | 0.1 | 0.22 | -0.04 | 0.83 | 0.09 |
| | 2 | 20000 | 9000 | 43.40 | 26.31 | 5291 | 0.3 | 0.60 | -0.36 | 0.77 | 0.00 |
| | 3 | 20000 | 9000 | 24.30 | 22.09 | 1857 | 0.5 | 1.09 | -0.41 | 0.32 | -0.05 |
| | 4 | 20000 | 9000 | 13.08 | 11.89 | 2625 | 0.4 | 0.81 | -0.34 | 0.54 | -0.09 |

Os hidrogramas calculados e observados para eventos na Trincheira III utilizando os métodos M-Cal e M-Ma são apresentados nas Figuras 5.8 a 5.11.

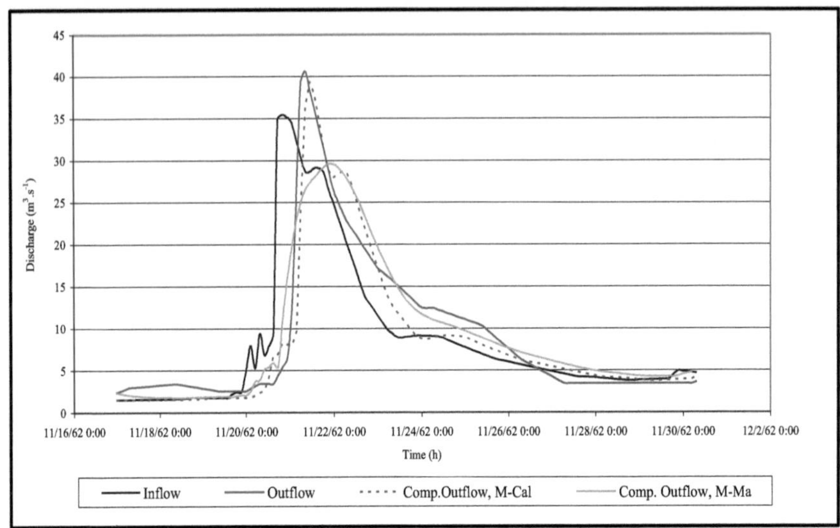


Figura 5.8 Hidrogramas observados e calculados do Evento-1 na Trincheira III.

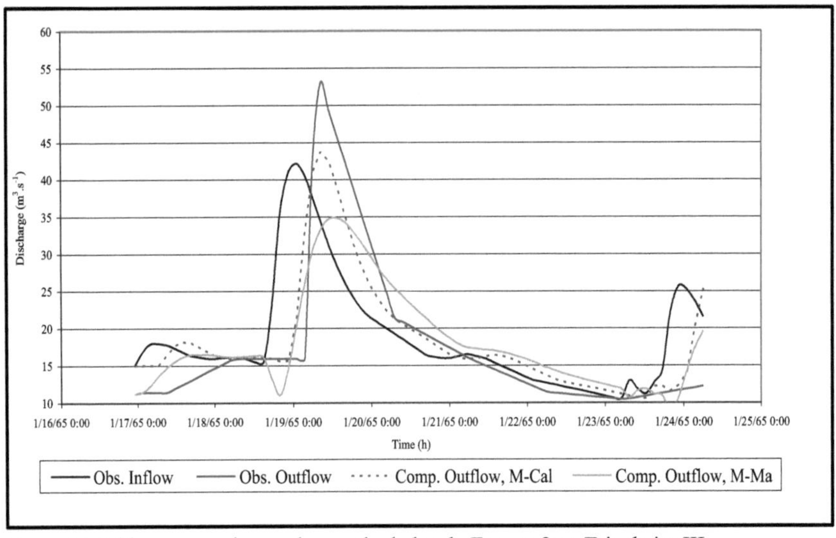


Figura 5.9 Hidrogramas observados e calculados do Evento-2 na Trincheira III.

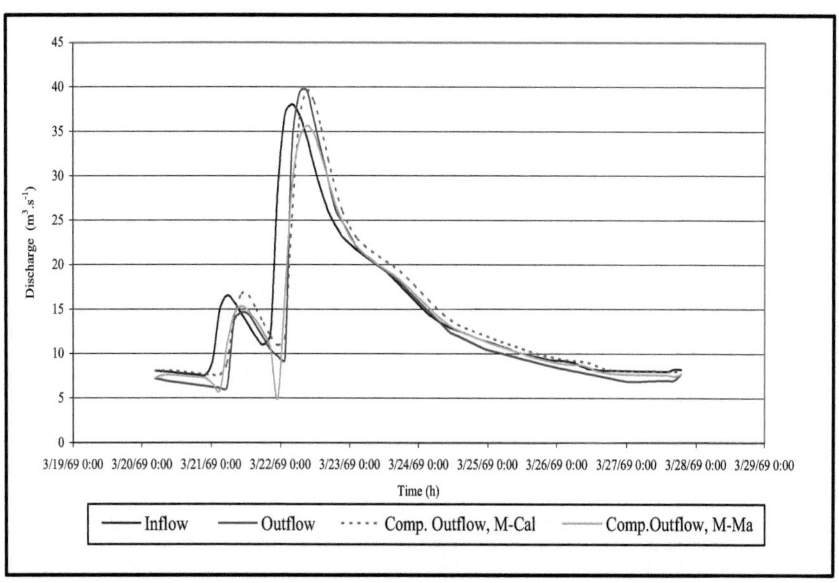


Figura 5.10 Hidrogramas observados e calculados do Evento-3 na Trincheira III.

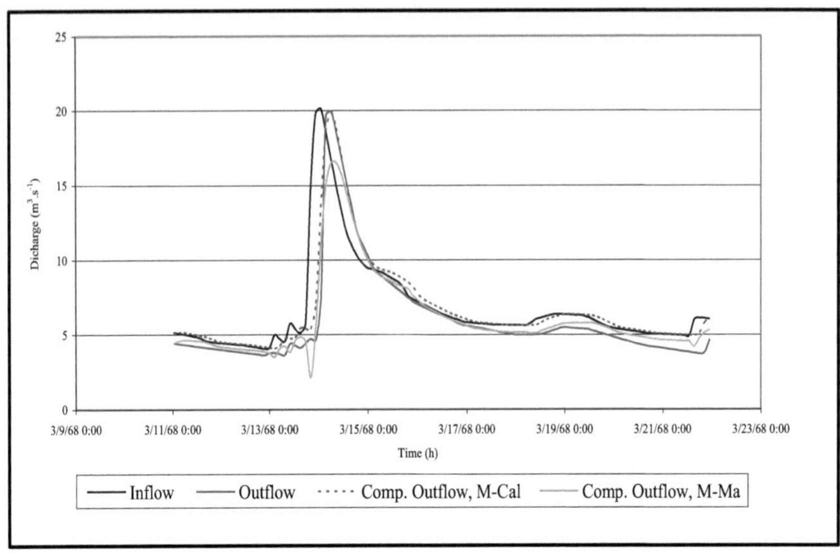


Figura 5.11 Hidrogramas observados e calculados do Evento-4 na Trincheira III.

Os resultados da análise de encaminhamento de cheias utilizando os métodos M-Cal e M-Ma no Reach-III estão contidos nas Tabelas 5.11 e 5.12 seguintes.

Quadro 5.11 Resultados para o Reach-III utilizando o método M-Cal.

| Alcance | Evento | Obs Pico escoamento $[m^3.s]^{-1}$ | Comp Pico escoamento $[m^3.s]^{-1}$ | Pico fluxo Erro [%] | Pico calendarização Erro [%] | RMSE $[m^3.s]^{-1}$ | (E) | Obs Volume [mcm] | Volume Comp [mcm] | Volume Erro [%] |
|---|---|---|---|---|---|---|---|---|---|---|
| III | 1 | 40.65 | 39.40 | -3.07 | 2.38 | 2.75 | 0.90 | 10.34 | 9.62 | -6.97 |
| | 2 | 52.97 | 43.74 | -17.41 | 0.00 | 4.14 | 0.82 | 11.08 | 11.56 | 4.36 |
| | 3 | 39.64 | 39.54 | -0.27 | 0.00 | 1.69 | 0.96 | 8.72 | 9.45 | 8.37 |
| | 4 | 19.97 | 19.92 | -0.26 | 0.00 | 0.99 | 0.91 | 5.67 | 6.36 | 12.31 |

mcm= milhões de metros cúbicos, E= Eficiência do modelo

Quadro 5.12 Resultados para o Alcance-III utilizando o método M-Ma.

| Alcance | Evento | Obs Pico escoamento $[m^3.s]^{-1}$ | Comp Pico $[m^3.s]^{-1}$ | Pico fluxo Erro [%] | Pico calendarização Erro [%] | RMSE $[m^3.s]^{-1}$ | (E) | Volume Obs [mcm] | Volume Comp [mcm] | Volume Erro [%] |
|---|---|---|---|---|---|---|---|---|---|---|

| III | 1 | 40.65 | 29.61 | -27.15 | 2.38 | 2.97 | 0.89 | 10.34 | 10.5 | 1.05 |
|---|---|---|---|---|---|---|---|---|---|---|
| | 2 | 52.97 | 34.87 | -34.17 | 4.35 | 4.59 | 0.78 | 11.08 | 11.4 | 2.92 |
| | 3 | 39.64 | 35.64 | -10.09 | 0.00 | 0.20 | 0.96 | 8.72 | 8.9 | 2.57 |
| | 4 | 19.97 | 16.54 | -17.18 | 0.00 | 0.85 | 0.93 | 5.67 | 5.8 | 2.41 |

mcm= milhões de metros cúbicos, E= Eficiência do modelo

A Trincheira III tem 20 km de comprimento, e os influxos laterais são considerados nos hidrogramas simulados.

Observa-se uma diminuição significativa nos hidrogramas calculados utilizando o método M-Ma quando há uma alteração drástica no caudal observado entre passos de tempo ($\Delta t$) do hidrograma de caudal observado, sem alteração correspondente no hidrograma de caudal observado. O método M-Ma teve um desempenho inferior na estimativa do caudal de ponta dos Eventos 1, 2, 3 e 4. Uma diferença tão significativa na estimativa do caudal de ponta para os acontecimentos 1, 2, 3 e 4 pode ser o resultado de pontos de dados erróneos no hidrograma observado.

No Reach-III, as estatísticas apresentadas no Quadro 5.11 são geralmente inferiores a 12% para o método M-Cal, com exceção do erro do caudal de ponta para o Evento 2 e do erro do volume para o Evento 4. Para o método M-Ma aplicado no Reach-III, os erros nos caudais de ponta são geralmente superiores a 20% e inferiores a 5% para todas as outras estatísticas consideradas no Quadro 5.12.

### 5.1. 4Conclusões da secção

Para o método M-Cal, os valores de X são geralmente próximos de 0,5. Como referido na Secção 2.8, estudos anteriores mostraram que os valores de X para rios naturais largos e não confinados são próximos de 0,0, enquanto que para rios naturais com canais bem definidos, os valores de X são próximos de 0,5. Por conseguinte, os parâmetros X calculados contidos nos Quadros 5.1 a 5.10 para a Trincheira-I, Trincheira-II e Trincheira-III são aceitáveis.

As análises conduzidas nas extensões do rio indicam que os hidrogramas calculados usando o método M-Ma geralmente se ajustam melhor aos hidrogramas de escoamento observados em comparação com os calculados usando o método M-Cal, com a exceção do erro de pico de caudal observado na extensão III. No entanto, ambos os métodos produziram resultados aceitáveis, com erros inferiores a 30% para a maioria das estatísticas consideradas. Também se observou que ambos os métodos tiveram um melhor desempenho em extensões mais curtas, onde o efeito do caudal lateral é menos significativo.

A adição de afluência lateral aos hidrogramas calculados não reproduziu adequadamente os picos observados, resultando em descargas de pico de saída maiores do que as descargas de pico de entrada, tal como se verifica nos dados observados. Esta insuficiência na simulação do afluxo lateral pode resultar do afluxo de água proveniente de outras bacias hidrográficas. Embora a adição de afluência lateral tenha em conta os caudais do mesmo evento de precipitação que os que resultam nos hidrogramas, não considera as afluências de afluentes com origem noutras bacias hidrográficas. Além disso, à medida que o comprimento de um curso aumenta, a probabilidade de afluências de afluentes também aumenta. Por conseguinte, em extensões maiores, os caudais afluentes devem ser incorporados separadamente.

Tendo em conta o pressuposto de linearidade e várias caraterísticas da bacia hidrográfica, como a estimativa do declive e o coeficiente de rugosidade de Manning, os métodos M-Cal e M-Ma produziram resultados dentro de limites aceitáveis. Embora o método M-Ma tenha demonstrado proficiência na estimativa de hidrogramas com séries de dados uniformemente crescentes, teve dificuldades quando confrontado com dados potencialmente erróneos, como observado na Trincheira III. Consequentemente, a dependência de eventos observados para a estimativa de parâmetros torna o método M-Ma inadequado para aplicação em bacias hidrográficas não cobertas por barragens. Em contraste, o método Muskingum-Cunge, que deriva os parâmetros K e X das caraterísticas da bacia e do caudal, revela-se adaptável para aplicação em bacias não cobertas por barragens para estimar estes parâmetros.

## 5. 2Encaminhamento de cheias em bacias hidrográficas não avaliadas

Os hidrogramas de escoamento para os eventos selecionados foram calculados utilizando o método Muskingum-Cunge, empregando tanto variáveis estimadas empiricamente (MC-E) como variáveis estimadas a partir de secções transversais assumidas (MC-X). Os parâmetros geométricos da extensão do rio, incluindo os coeficientes de rugosidade (n), a largura do caudal superior (W), a área da secção transversal (A) e o perímetro molhado (P), bem como os parâmetros hidráulicos, tais como a celeridade ($V_w$), a velocidade média ($V_{av}$) e a profundidade do escoamento (y), foram calculados com base em observações de campo. As curvas de classificação para o método MC-X, cruciais para estimar as profundidades dos caudais de referência ($Q_0$) no procedimento de encaminhamento para cada um dos três cursos de água, são detalhadas nas Figuras 5.12, 5.13 e 5.14, conforme discutido na Secção 3.2.

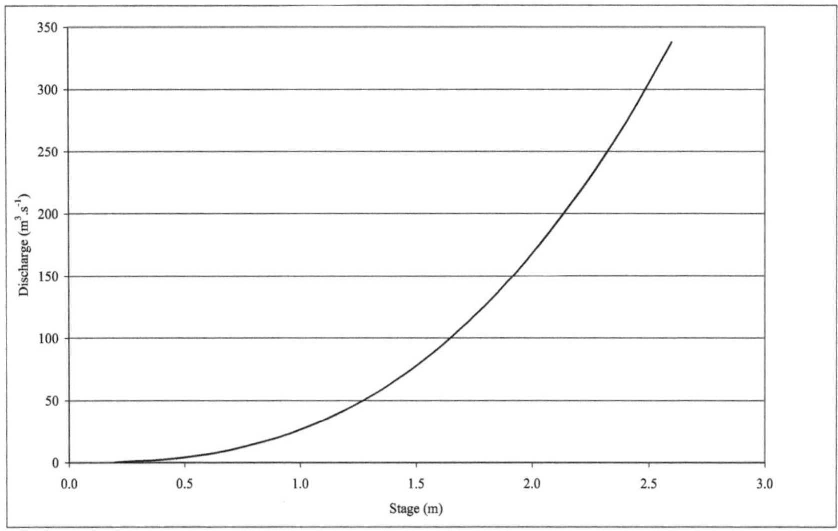


Figura 5.12 Curva de classificação para a Trincheira-I (desenvolvida).

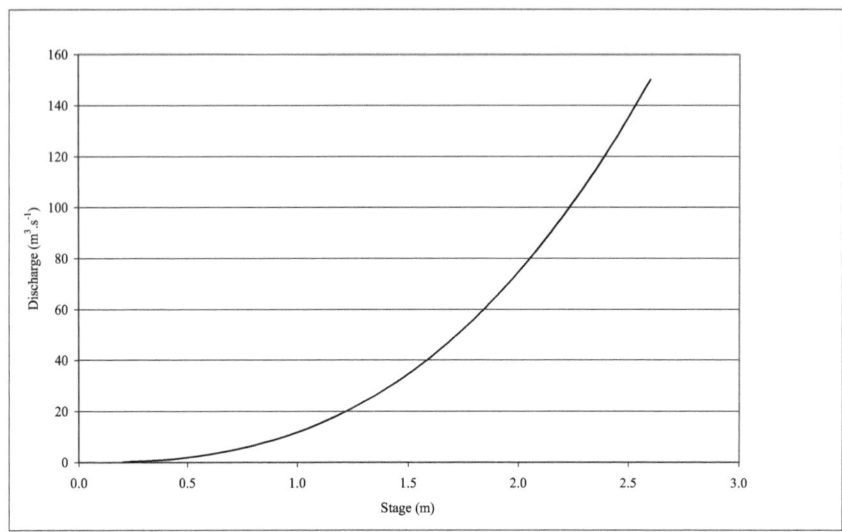


Figura 5.13 Curva de classificação para Reach-II (desenvolvido) .

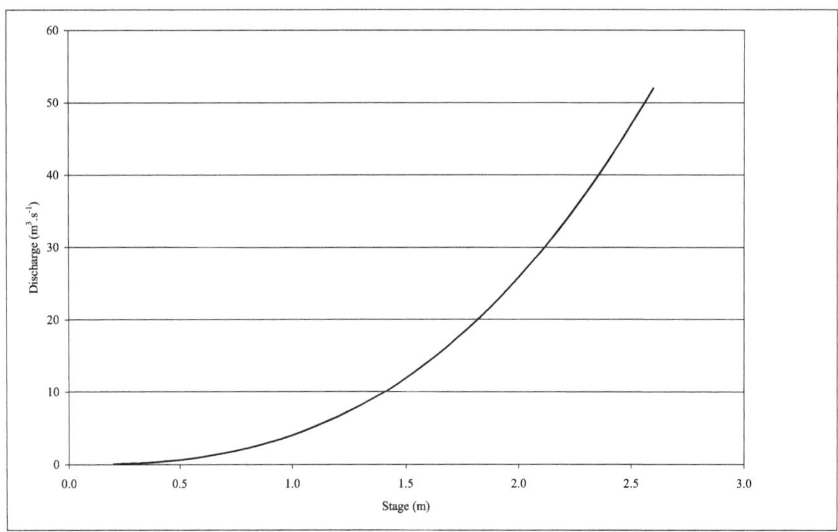


Figura 5.14 Curva de classificação para Reach-III (desenvolvido) .

### 5.2. 1Alcance-I

As caraterísticas e os parâmetros estimados da bacia hidrográfica para a zona de influência I constam dos quadros 5.13 a 5.16.

Quadro 5.13 Parâmetros hidráulicos da Trincheira I estimados pelo método MC-E.

| Alcance | Evento | $V_{av}$ [m.s ]$^{-1}$ | $V_w$ [m.s ]$^{-1}$ | R [m] | y [m] | S [%] | n |
|---|---|---|---|---|---|---|---|
| I | 1 | 2.02 | 2.47 | 1.13 | 1.70 | 0.70 | 0.045 |
| | 2 | 1.94 | 2.37 | 1.07 | 1.60 | 0.70 | 0.045 |
| | 3 | 2.25 | 2.75 | 1.33 | 2.00 | 0.70 | 0.045 |

Quadro 5.14 Parâmetros hidráulicos da Trincheira I estimados pelo método MC-X.

| Alcance | Evento | $V_{av}$ [m.s ]$^{-1}$ | $V_w$ [m.s ]$^{-1}$ | R [m] | y [m] | S [%] | n |
|---|---|---|---|---|---|---|---|
| I | 1 | 1.78 | 2.17 | 0.93 | 1.40 | 0.70 | 0.045 |
| | 2 | 1.69 | 2.07 | 0.87 | 1.30 | 0.70 | 0.045 |
| | 3 | 1.82 | 2.22 | 0.97 | 1.45 | 0.70 | 0.045 |

Quadro 5.15 Parâmetros estimados para o Reach-I utilizando o método MC-E.

| Alcance | Evento | ΔL [m] | Δt [s] | A [m ]$^2$ | W [m] | $Q_0$ [m$^3$ .s ]$^{-1}$ | K [s] | X | $C_0$ | $C_1$ | $C_2$ |
|---|---|---|---|---|---|---|---|---|---|---|---|
| I | 1 | 2045 | 1800 | 30.31 | 26.74 | 61.26 | 828 | 0.47 | 0.96 | 0.38 | -0.34 |
| | 2 | 2045 | 2520 | 28.12 | 26.36 | 54.58 | 862 | 0.47 | 0.97 | 0.50 | -0.47 |
| | 3 | 4090 | 1800 | 29.49 | 22.12 | 66.43 | 1486 | 0.48 | 0.97 | 0.11 | -0.08 |

Quadro 5.16 Parâmetros estimados para o Reach-I utilizando o método MC-X.

| Alcance | Evento | ΔL [m] | Δt [s] | A [m ]$^2$ | W [m] | $Q_0$ [m$^3$ .s ]$^{-1}$ | K [s] | X | $C_0$ | $C_1$ | $C_2$ |
|---|---|---|---|---|---|---|---|---|---|---|---|
| I | 1 | 2045 | 1800 | 34.50 | 39.20 | 61.26 | 942 | 0.47 | 0.97 | 0.32 | -0.29 |
| | 2 | 2045 | 2520 | 32.30 | 36.40 | 54.58 | 990 | 0.47 | 0.97 | 0.44 | -0.42 |
| | 3 | 4090 | 1800 | 36.54 | 40.60 | 66.43 | 1841 | 0.49 | 0.97 | 0.00 | 0.02 |

Os hidrogramas calculados e observados da aplicação dos métodos MC-E e MC-X para a Trincheira-I são apresentados nas Figuras 5.15 a 5.17.

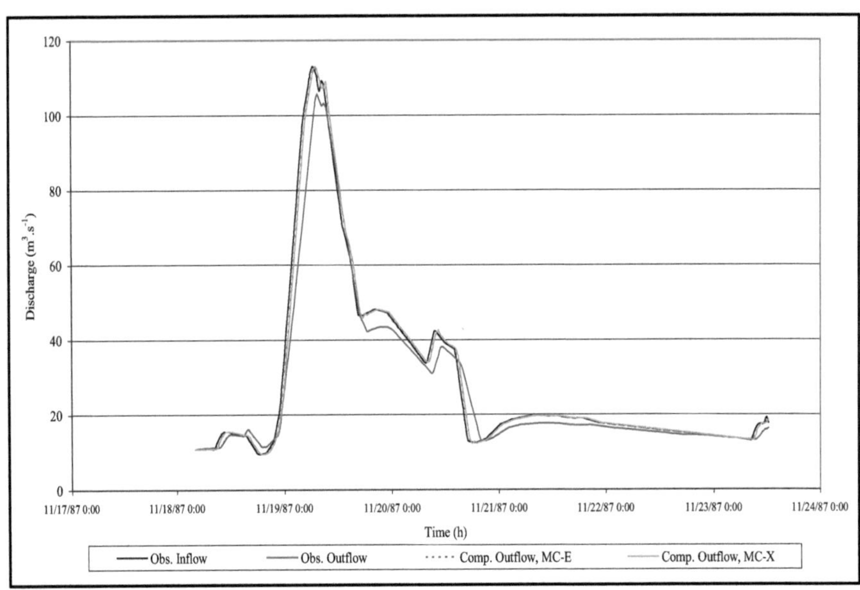


Figura 5.15 Hidrogramas observados e calculados para o Evento-1 na Trincheira-I.

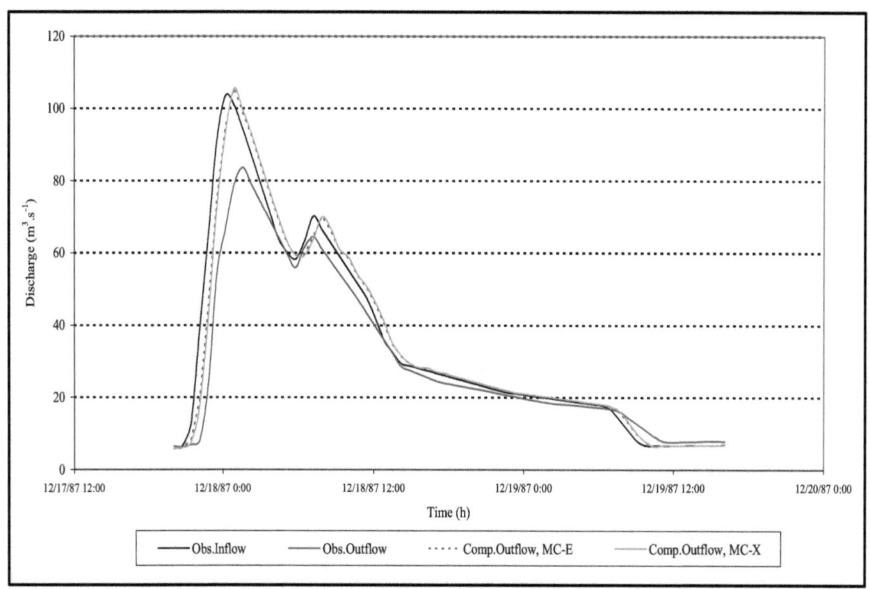

Figura 5.16 Hidrogramas observados e calculados para o Evento-2 na Trincheira-I.

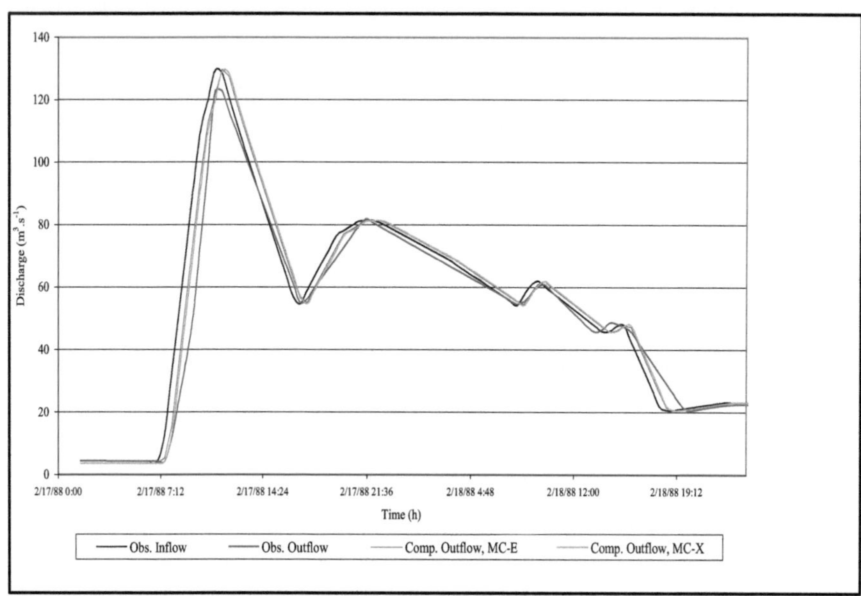

Figura 5.17 Hidrogramas observados e calculados para o Evento-3 na Trincheira-I.

Os resultados das análises de encaminhamento de cheias utilizando os métodos MC-E e MC-X para a Trincheira-I constam dos Quadros 5.17 e 5.18.

Quadro 5.17 Resultados para o Alcance-I utilizando o método MC-E.

| Alcance | Evento | Obs Pico Fluxo de saída $[m^3.s]^{-1}$ | Comp Pico de escoamento $[m^3.s]^{-1}$ | Pico fluxo Erro [%] | Pico calendarização Erro [%] | RMSE $[m^3.s]^{-1}$ | E | Obs Volume [mcm] | Comp Volume [mcm] | Volume Erro [%] |
|---|---|---|---|---|---|---|---|---|---|---|
| I | 1 | 105.70 | 113.05 | 6.95 | -1.59 | 4.27 | 0.96 | 12.63 | 13.46 | 6.55 |
| | 2 | 83.67 | 105.59 | 26.20 | -5.47 | 7.59 | 0.88 | 4.88 | 5.49 | 12.59 |
| | 3 | 122.79 | 129.77 | 5.68 | -5.00 | 4.27 | 0.98 | 10.72 | 11.01 | 2.64 |

Quadro 5.18 Resultados para o Alcance-I utilizando o método MC-X.

| Alcance | Evento | Obs Pico escoamento $[m^3.s]^{-1}$ | Comp Pico $[m^3.s]^{-1}$ | Pico fluxo Erro [%] | Pico calendarização Erro [%] | RMSE $[m^3.s]^{-1}$ | E | Obs Volume [mcm] | Comp Volume [mcm] | Volume Erro [%] |
|---|---|---|---|---|---|---|---|---|---|---|
| I | 1 | 105.70 | 112.98 | 6.89 | -1.59 | 4.14 | 0.96 | 12.63 | 13.46 | 6.53 |
| | 2 | 83.67 | 105.45 | 26.04 | -5.47 | 7.33 | 0.89 | 4.88 | 5.49 | 12.58 |
| | 3 | 122.79 | 129.03 | 5.08 | -5.00 | 3.92 | 0.98 | 10.72 | 11.00 | 2.61 |

As profundidades de escoamento apresentadas no Quadro 5.13, derivadas de relações empíricas, e no Quadro 5.14, derivadas de uma secção transversal assumida, apresentam semelhanças. Consequentemente, os resultados de ambos os métodos demonstram hidrogramas de escoamento computados semelhantes. Além disso, os parâmetros K e X de ambos os métodos são quase idênticos, indicando que não há diferença discernível nos hidrogramas calculados.

As Tabelas 5.17 e 5.18 destacam que o Evento 2 apresenta um erro RMSE e um erro de volume relativamente grandes. No entanto, os resultados estatísticos para os outros eventos são geralmente aceitáveis e comparáveis aos obtidos utilizando os métodos calibrados (M-Cal e M-Ma).

A partir do resultado da Tabela 5.18, é evidente que o Evento 3 tem um pequeno valor de RMSE, um pequeno erro de volume e o coeficiente de eficiência (E) é quase igual a um. Estes resultados indicam um elevado grau de correlação entre os hidrogramas calculados e observados. Por conseguinte, o Acontecimento 3 foi selecionado para análises de sensibilidade a partir do Alcance-I, tal como detalhado na Secção 5.3.

## 5.2. 2Reach-II

As caraterísticas e os parâmetros da bacia hidrográfica estimados para o Reach-II constam dos Quadros 5.19 a 5.22.

Quadro 5.19 Parâmetros hidráulicos para a Trincheira II utilizando o método MC-E.

| Alcance | Evento | $V_{av}$ [m.s ]$^{-1}$ | $V_w$ [m.s ]$^{-1}$ | R [m] | y [m] | S [%] | n |
|---|---|---|---|---|---|---|---|
| II | 1 | 1.35 | 1.66 | 0.82 | 1.23 | 0.55 | 0.05 |
| | 2 | 1.39 | 1.70 | 0.86 | 1.28 | 0.55 | 0.05 |
| | 3 | 1.38 | 1.69 | 0.85 | 1.27 | 0.55 | 0.05 |
| | 4 | 1.34 | 1.64 | 0.81 | 1.21 | 0.55 | 0.05 |

Quadro 5.20 Parâmetros hidráulicos para a Trincheira II utilizando o método MC-X.

| Alcance | Evento | $V_{av}$ [m.s ]$^{-1}$ | $V_w$ [m.s ]$^{-1}$ | R [m] | y [m] | S [%] | n |
|---|---|---|---|---|---|---|---|
| II | 1 | 1.40 | 1.72 | 0.87 | 1.30 | 0.55 | 0.05 |
| | 2 | 1.48 | 1.80 | 0.93 | 1.40 | 0.55 | 0.05 |
| | 3 | 1.48 | 1.80 | 0.93 | 1.40 | 0.55 | 0.05 |
| | 4 | 1.51 | 1.85 | 0.97 | 1.45 | 0.55 | 0.05 |

Quadro 5.21 Parâmetros estimados para o Reach-II utilizando o método MC-E.

| Alcance | Evento | ΔL [m] | Δt [s] | A [m ]$^2$ | W [m] | $Q_0$ [m$^3$ .s ]$^{-1}$ | K [s] | X | $C_0$ | $C_1$ | $C_2$ |
|---|---|---|---|---|---|---|---|---|---|---|---|
| II | 1 | 7777 | 5400 | 20.20 | 24.62 | 27.32 | 4698 | 0.49 | 0.99 | 0.08 | -0.06 |
| | 2 | 7777 | 5400 | 22.58 | 26.39 | 31.39 | 4569 | 0.49 | 0.99 | 0.09 | -0.08 |
| | 3 | 7777 | 5400 | 21.92 | 25.91 | 30.26 | 4603 | 0.49 | 0.99 | 0.09 | -0.07 |
| | 4 | 7777 | 5400 | 19.44 | 24.04 | 26.04 | 4743 | 0.49 | 0.99 | 0.07 | -0.06 |

Quadro 5.22 Parâmetros estimados para o Reach-II utilizando o método MC-X.

| Alcance | Evento | ΔL [m] | Δt [s] | A [m ]$^2$ | W [m] | $Q_0$ [m$^3$ .s ]$^{-1}$ | K [s] | X | $C_0$ | $C_1$ | $C_2$ |
|---|---|---|---|---|---|---|---|---|---|---|---|
| II | 1 | 7777 | 5400 | 16.90 | 19.50 | 27.32 | 4531 | 0.49 | 0.98 | 0.10 | -0.08 |
| | 2 | 7777 | 5400 | 19.60 | 21.00 | 31.39 | 4312 | 0.49 | 0.98 | 0.12 | -0.10 |
| | 3 | 7777 | 5400 | 19.60 | 21.00 | 30.26 | 4312 | 0.49 | 0.98 | 0.12 | -0.10 |
| | 4 | 7777 | 5400 | 21.03 | 21.75 | 26.04 | 4213 | 0.49 | 0.99 | 0.13 | -0.12 |

Os hidrogramas calculados e observados da aplicação dos métodos MC-E e MC-X para a Trincheira II são apresentados nas Figuras 5.18 a 5.21.

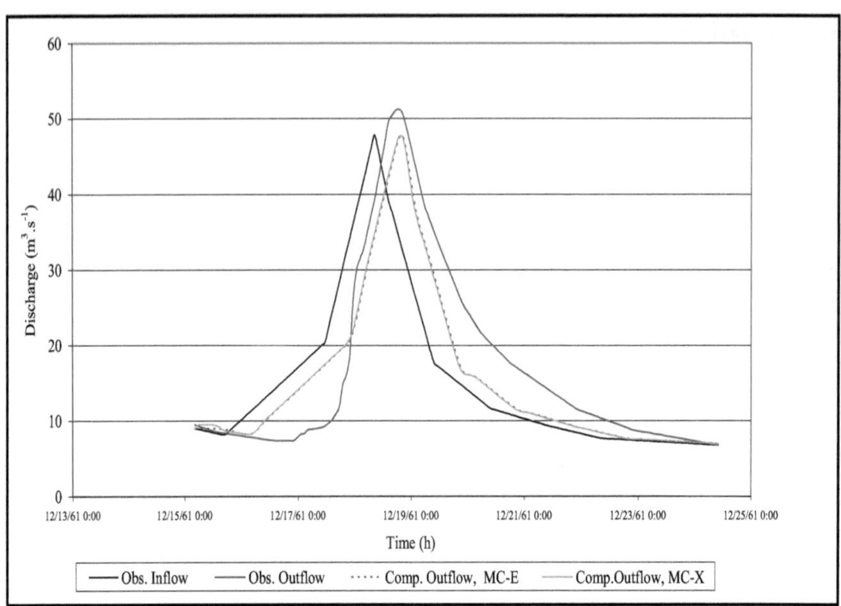


Figura 5.18 Hidrogramas observados e calculados do Evento-1 na Trincheira-II.

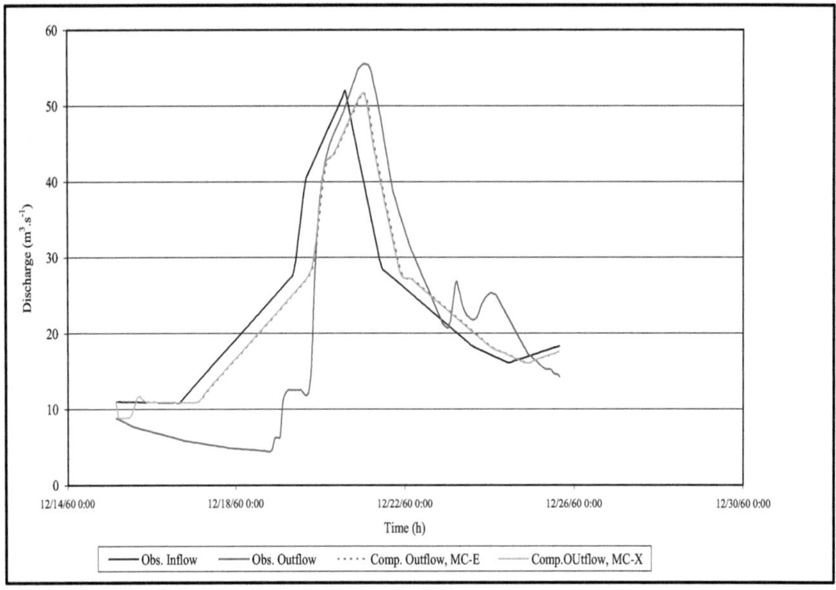


Figura 5.19 Hidrogramas observados e calculados do Evento-2 na Trincheira-II.

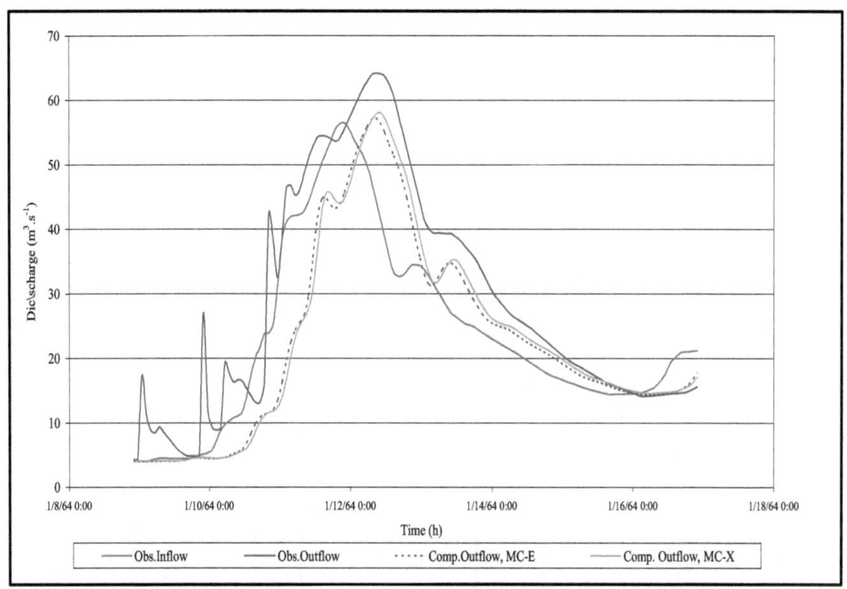


Figura 5.20 Hidrogramas observados e calculados do Evento-3 na Trincheira-II.

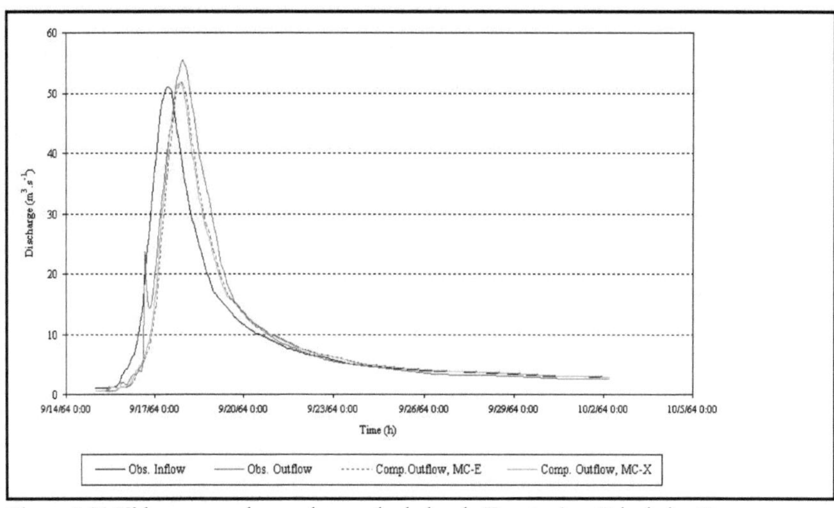


Figura 5.21 Hidrogramas observados e calculados do Evento-4 na Trincheira-II.

Os resultados das análises de encaminhamento de cheias utilizando os métodos MC-E e MC-X para a Trincheira II constam dos Quadros 5.23 e 5.24.

Quadro 5.23 Resultados para o Reach-II utilizando o método MC-E.

| Alcance | Evento | Obs Pico Fluxo de saída $[m^3.s]^{-1}$ | Comp Pico $[m^3.s]^{-1}$ | Pico Fluxo Erro [%] | Pico calendarização Erro [%] | RMSE $[m^3.s]^{-1}$ | E | Obs Volume [mcm] | Comp Volume [mcm] | Volume Erro [%] |
|---|---|---|---|---|---|---|---|---|---|---|
| II | 1 | 51.25 | 47.87 | -6.60 | 1.65 | 4.52 | 0.8 | 13.63 | 12.36 | -9.31 |
| | 2 | 55.52 | 51.69 | -6.90 | 0.00 | 7.40 | 0.8 | 18.54 | 20.70 | 11.68 |
| | 3 | 64.22 | 57.22 | -10.89 | 0.00 | 8.98 | 0.7 | 19.87 | 15.62 | -21.38 |
| | 4 | 55.40 | 51.77 | -6.55 | 0.00 | 2.02 | 0.9 | 14.39 | 13.76 | -4.33 |

mcm = milhões de metros cúbicos, E= Eficiência do modelo

Quadro 5.24 Resultados para o Reach-II utilizando o método MC-X.

| Alcance | Evento | Obs Pico escoamento $[m^3.s]^{-1}$ | Comp Pico $[m^3.s]^{-1}$ | Pico fluxo Erro [%] | Pico calendarização Erro [%] | RMSE $[m^3.s]^{-1}$ | E | Obs Volume [mcm] | Comp Volume [mcm] | Volume Erro [%] |
|---|---|---|---|---|---|---|---|---|---|---|
| II | 1 | 51.25 | 47.65 | -7.02 | 1.65 | 4.58 | 0.86 | 13.63 | 12.37 | -9.20 |
| | 2 | 55.52 | 51.60 | -7.06 | 0.00 | 7.51 | 0.81 | 18.54 | 20.64 | 11.36 |
| | 3 | 64.22 | 57.14 | -11.02 | 0.00 | 8.78 | 0.75 | 19.87 | 15.66 | -21.17 |
| | 4 | 55.40 | 51.70 | -6.66 | 0.00 | 2.07 | 0.97 | 14.39 | 13.77 | -4.28 |

mcm = milhões de metros cúbicos, E= Eficiência do modelo

A profundidade do escoamento e os parâmetros do Muskingum em ambos os métodos são quase iguais, indicando que não há diferença nos hidrogramas calculados.

Como demonstrado nas Tabelas 5.23 e 5.24, o Evento 4 produziu um RMSE relativamente pequeno e grandes valores de coeficiente de eficiência (E). Por conseguinte, o Evento 4 foi escolhido para a análise de sensibilidade no Reach-II, tal como descrito na Secção 5.3. Os erros para os outros acontecimentos são inferiores a 22% para as estatísticas consideradas.

## 5.2. 3Alcance-III

As caraterísticas e os parâmetros da bacia hidrográfica estimados para o Reach-III constam dos Quadros 5.25 a 5.28.

Quadro 5.25 Parâmetros hidráulicos para a Trincheira III utilizando o método MC-E.

| Alcance | Evento | $V_{av}$ [m.s ]$^{-1}$ | $V_w$ [m.s ]$^{-1}$ | R [m] | y [m] | S [%] | n |
|---|---|---|---|---|---|---|---|
| III | 1 | 0.85 | 1.04 | 1.08 | 1.62 | 0.12 | 0.04 |
| | 2 | 0.91 | 1.11 | 1.20 | 1.80 | 0.12 | 0.04 |
| | 3 | 0.88 | 1.07 | 1.14 | 1.71 | 0.12 | 0.04 |
| | 4 | 0.78 | 0.97 | 0.94 | 1.42 | 0.12 | 0.04 |

Quadro 5.26 Parâmetros hidráulicos para a Trincheira III utilizando o método MC-X.

| Alcance | Evento | $V_{av}$ [m.s ]$^{-1}$ | $V_w$ [m.s ]$^{-1}$ | R [m] | y [m] | S [%] | n |
|---|---|---|---|---|---|---|---|
| III | 1 | 0.84 | 1.03 | 1.07 | 1.60 | 0.12 | 0.04 |
| | 2 | 0.91 | 1.11 | 1.20 | 1.80 | 0.12 | 0.04 |
| | 3 | 0.88 | 1.07 | 1.13 | 1.70 | 0.12 | 0.04 |
| | 4 | 0.79 | 0.96 | 0.97 | 1.45 | 0.12 | 0.04 |

Quadro 5.27 Parâmetros estimados para o Reach-III utilizando o método MC-E.

| Alcance | Evento | ΔL[m] | Δt [s] | A [m ]$^2$ | W [m] | $Q_0$ [m$^3$ .s ]$^{-1}$ | K [s] | X | $C_0$ | $C_1$ | $C_2$ |
|---|---|---|---|---|---|---|---|---|---|---|---|
| III | 1 | 4000 | 9000 | 21.85 | 20.25 | 18.49 | 3862 | 0.41 | 0.90 | 0.43 | -0.33 |
| | 2 | 4000 | 9000 | 28.97 | 24.16 | 26.31 | 5998 | 0.44 | 0.91 | 0.24 | -0.14 |
| | 3 | 10000 | 9000 | 25.15 | 22.10 | 22.09 | 9317 | 0.46 | 0.92 | 0.02 | 0.05 |
| | 4 | 10000 | 9000 | 15.32 | 16.21 | 11.89 | 10547 | 0.47 | 0.93 | -0.04 | 0.11 |

Quadro 5.28 Parâmetros estimados para o Reach-III utilizando o método MC-X.

| Alcance | Evento | ΔL[m] | Δt [s] | A [m ]$^2$ | W [m] | $Q_0$ [m$^3$ .s ]$^{-1}$ | K [s] | X | $C_0$ | $C_1$ | $C_2$ |
|---|---|---|---|---|---|---|---|---|---|---|---|
| III | 1 | 4000 | 9000 | 17.07 | 16.00 | 18.49 | 3891 | 0.38 | 0.87 | 0.44 | -0.30 |
| | 2 | 4000 | 9000 | 21.60 | 18.00 | 26.31 | 5996 | 0.42 | 0.88 | 0.25 | -0.13 |
| | 3 | 10000 | 9000 | 25.22 | 17.00 | 22.09 | 9343 | 0.45 | 0.90 | 0.03 | 0.07 |
| | 4 | 10000 | 9000 | 15.09 | 14.50 | 11.89 | 10388 | 0.46 | 0.93 | -0.03 | 0.11 |

Os hidrogramas calculados e observados da aplicação dos métodos MC-E e MC-X para a Trincheira III são apresentados nas Figuras 5.22 a 5.25.

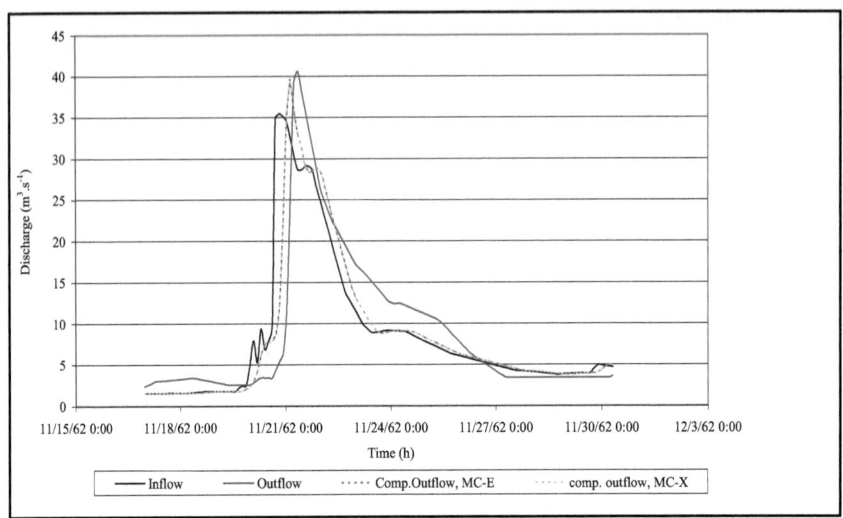


Figura 5.22 Hidrogramas observados e calculados do Evento-1 na Trincheira III.

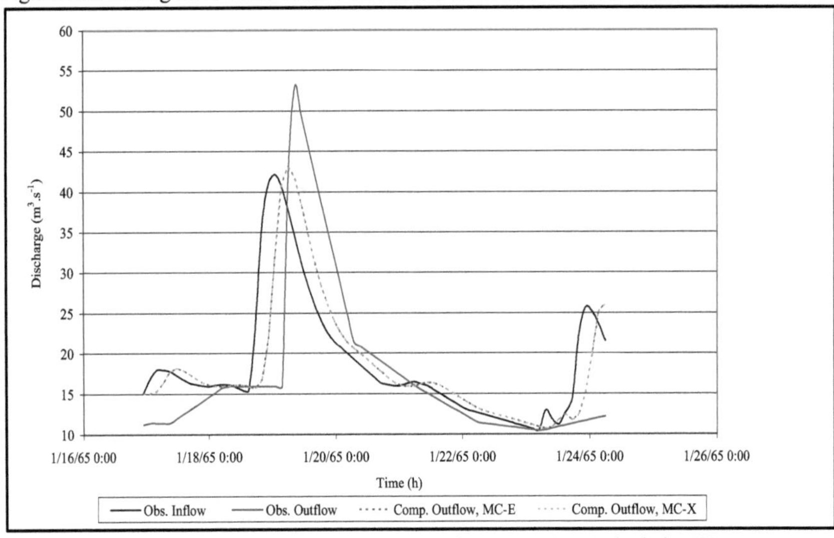


Figura 5.23 Hidrogramas observados e calculados do Evento-2 na Trincheira III.

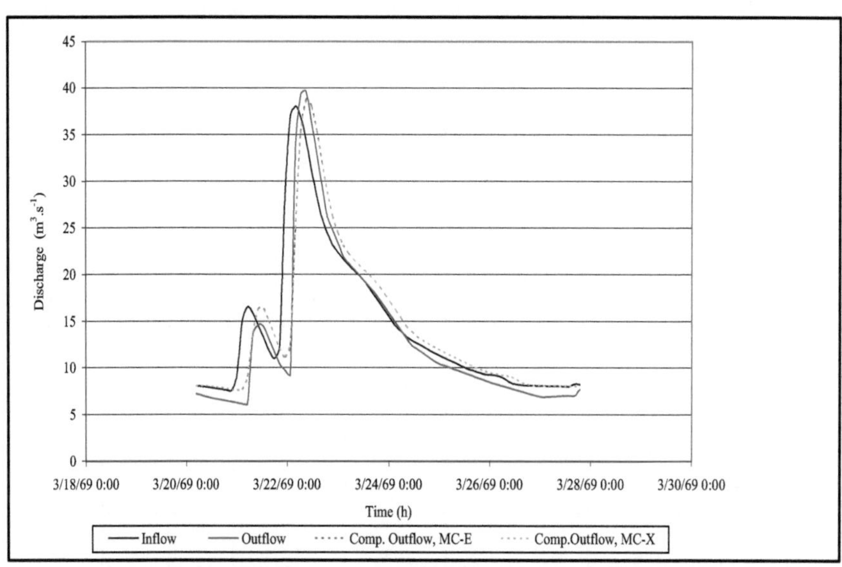

Figura 5.24 Hidrogramas observados e calculados do Evento-3 na Trincheira III.

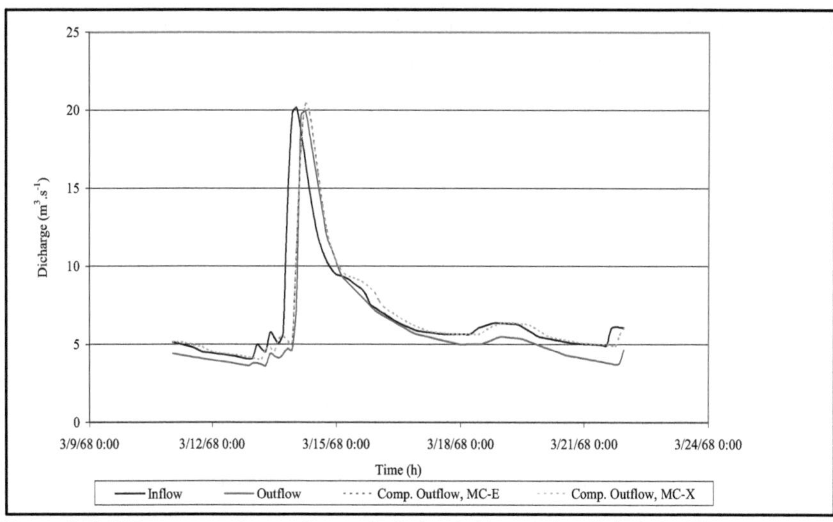

Figura 5.25 Hidrogramas observados e calculados do Evento-4 na Trincheira III.

Os resultados das análises de encaminhamento de cheias utilizando os métodos MC-E e MC-X na Trincheira III constam dos Quadros 5.29 e 5.30.

Quadro 5.29 Resultados para o Reach-III utilizando o método MC-E.

| Alcance | Evento | Obs Pico escoamento $[m^3.s]^{-1}$ | Comp Pico $[m^3.s]^{-1}$ | Pico fluxo Erro [%] | Pico calendarização Erro [%] | RMSE $[m^3.s]^{-1}$ | E | Obs Volume [mcm] | Comp Volume [mcm] | Volume Erro [%] |
|---|---|---|---|---|---|---|---|---|---|---|
| III | 1 | 40.65 | 39.62 | -2.52 | 2.38 | 3.70 | 0.82 | 10.34 | 9.71 | -6.15 |
| | 2 | 52.97 | 43.14 | -18.55 | 0.00 | 5.86 | 0.64 | 11.08 | 11.66 | 5.28 |
| | 3 | 39.64 | 38.74 | -2.27 | 0.00 | 1.77 | 0.95 | 8.72 | 9.45 | 8.37 |
| | 4 | 19.97 | 20.36 | 1.94 | 0.00 | 0.88 | 0.93 | 5.67 | 6.36 | 12.25 |

mcm = milhões de metros cúbicos, E= Eficiência do modelo

Quadro 5.30 Resultados para o Reach-III utilizando o método MC-X.

| Alcance | Evento | Obs Pico de escoamento $[m^3.s]^{-1}$ | Comp Pico $[m^3.s]^{-1}$ | Pico fluxo Erro [%] | Pico calendarização Erro [%] | RMSE $[m^3.s]^{-1}$ | E | Obs Volume [mcm] | Comp Volume [mcm] | Volume Erro [%] |
|---|---|---|---|---|---|---|---|---|---|---|
| III | 1 | 40.65 | 39.20 | -3.56 | 2.38 | 3.67 | 0.82 | 10.34 | 9.71 | -6.15 |
| | 2 | 52.97 | 42.92 | -18.97 | 0.00 | 5.85 | 0.64 | 11.08 | 11.66 | 5.29 |
| | 3 | 39.64 | 38.53 | -2.80 | 0.00 | 1.78 | 0.95 | 8.72 | 9.45 | 8.37 |
| | 4 | 19.97 | 20.37 | 1.98 | 0.00 | 0.88 | 0.93 | 5.67 | 6.36 | 12.26 |

mcm = milhões de metros cúbicos, E= Eficiência do modelo

Como mostram os Quadros 5.29 e 5.30 para os métodos MC-E e MC-X, foram obtidos grandes erros de volume para o Evento 4. De um modo geral, os resultados obtidos para todos os eventos mostram que os hidrogramas calculados a partir de ambos os métodos são semelhantes aos hidrogramas observados, com erros inferiores a 20% para as estatísticas consideradas.

Além disso, o Evento 3 resultou em valores relativamente pequenos de RMSE e grandes de coeficiente de eficiência (E), como indicado nas Tabelas 5.29 e 5.30. Por conseguinte, o Evento 3 foi selecionado para a análise de sensibilidade na fase III, como indicado na Secção 5.3.

### 5.2. 4Conclusão da secção

Como se observa nas Figuras 5.15 a 5.25 e nos Quadros 5.16 a 5.30, os resultados dos hidrogramas calculados utilizando tanto parâmetros estimados empiricamente como parâmetros estimados a partir de uma secção transversal assumida resultaram em resultados aceitáveis quando comparados com os hidrogramas observados, com erros inferiores a 26% para as estatísticas consideradas. Conclui-se, portanto, que os métodos podem ser aplicados em bacias hidrográficas não cobertas por barragens.

No entanto, a adição de afluências laterais nos hidrogramas simulados não foi suficientemente adequada quando comparada com o caudal observado. À medida que o comprimento de uma extensão aumenta, as possibilidades de afluências tributárias também aumentam. Por conseguinte, em grandes bacias hidrográficas, o caudal afluente deve ser adicionado separadamente.

Uma vez que os métodos de encaminhamento de cheias não avaliadas utilizam fórmulas empíricas, os resultados podem não ser iguais aos dos métodos de encaminhamento de cheias calibrados. No entanto, os resultados indicam que os métodos de encaminhamento de cheias não medidos estimaram os hidrogramas simulados com resultados razoáveis quando comparados com o método calibrado. Por conseguinte, conclui-se que os métodos podem ser aplicados em situações em que não existem conjuntos de dados observados nas bacias hidrográficas.

Dos eventos analisados, o Evento 3 no Reach-I, o Evento 4 no Reach-II e o Evento 3 no Reach-III foram selecionados para análises de sensibilidade utilizando o método MC-E.

## 5. 3Análises de sensibilidade

Existem várias limitações do método de encaminhamento de cheias Muskingum-Cunge e dos seus pressupostos, que foram descritos nas Secções 2.1 e 2.2. O método Muskingum tem respostas diferentes a variações nos parâmetros físicos da bacia hidrográfica, tais como o declive do curso de água, os coeficientes de rugosidade e a geometria do canal utilizados no modelo. A análise estatística dos hidrogramas calculados com os hidrogramas observados descreve o desempenho do modelo em relação a variáveis de entrada específicas do modelo. As variações nos coeficientes de rugosidade, no declive do curso de água e na geometria do canal influenciam o volume calculado, o caudal máximo e o tempo dos hidrogramas. Por conseguinte, foi analisada a sensibilidade dos hidrogramas calculados a uma variação de 50% das variáveis. As análises de sensibilidade do modelo foram realizadas utilizando os três eventos selecionados. Foi utilizada uma variação de 50% na análise de sensibilidade, uma vez que este é o erro típico que pode ocorrer na estimativa destas variáveis na prática.

Os três eventos selecionados têm um grande caudal com um pequeno desfasamento (Reach-I), um pico de caudal médio com um grande desfasamento e afluências laterais adicionais (Reach-II), bem como um pico de caudal pequeno com um desfasamento médio (Reach-III).

A alteração das variáveis do caudal da captação altera os parâmetros K e X. Por conseguinte, a variação dos hidrogramas de escoamento deve-se à alteração dos parâmetros K e X.

### 5.3. 1Análise de sensibilidade para o coeficiente de rugosidade (n)

Os valores do coeficiente de rugosidade dos troços de rio utilizados neste estudo foram subjetivamente estimados a partir de observações de campo. A variação sazonal, a subjetividade e outros erros podem alterar a estimativa do coeficiente de rugosidade, o que pode influenciar os hidrogramas simulados (Secção 2.9.3). Para analisar o efeito do erro na estimativa do coeficiente de rugosidade, foram calculados hidrogramas com uma variação de 50% no coeficiente de rugosidade para os três eventos, mantendo as outras variáveis constantes.

O aumento do coeficiente de rugosidade em 50% aumenta o valor do parâmetro K e diminui o valor do parâmetro X. A partir dos resultados para as Trincheiras-I, II e III, observa-se que um aumento de 50% no coeficiente de rugosidade aumenta o erro de pico em 0,19%. Diminuir o coeficiente de rugosidade em 50% diminui o erro de pico calculado em 1% na Trincheira-I; aumenta o erro de pico em 0,0% na Trincheira-II e diminui o fluxo de pico em 0,13% na Trincheira-III. A variação da resposta à mesma alteração variável entre as extensões pode ser explicada pelo facto de o aumento ou diminuição da resistência afetar mais os caudais inferiores do que os caudais superiores. O afluxo lateral ao curso principal pode também ter um efeito na variação dos coeficientes de rugosidade na Trincheira II e na Trincheira III.

As Figuras 5.26 a 5.29 mostram o efeito da variação do coeficiente de rugosidade no caudal de pico, na forma e no volume dos hidrogramas para os três eventos selecionados.

A partir dos resultados obtidos, é evidente que o desempenho do método MC-E é insensível ao valor do coeficiente de rugosidade utilizado, ou seja, uma variação de 50% no coeficiente de rugosidade resultou numa alteração de menos de 1% de erro para todas as estatísticas de desempenho consideradas.

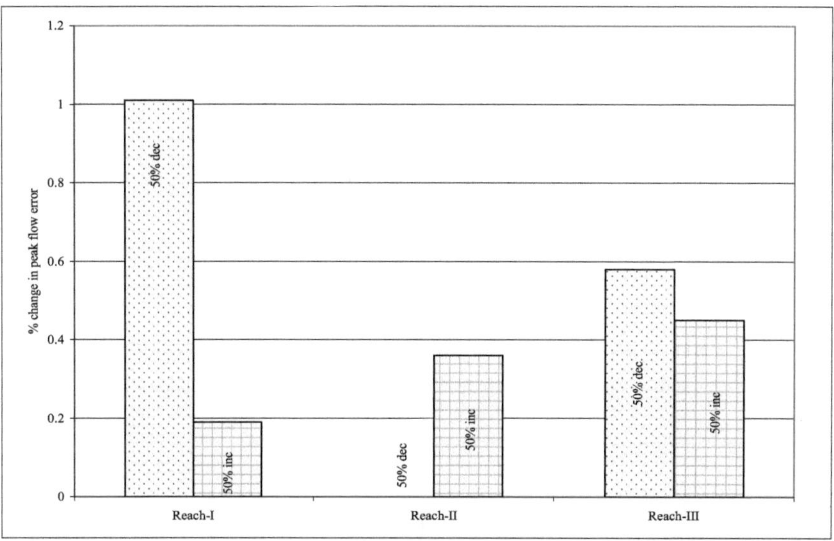


Figura 5.26 Variação percentual do erro do caudal máximo em relação ao caudal máximo de referência para um aumento e uma diminuição de 50% do coeficiente de rugosidade.

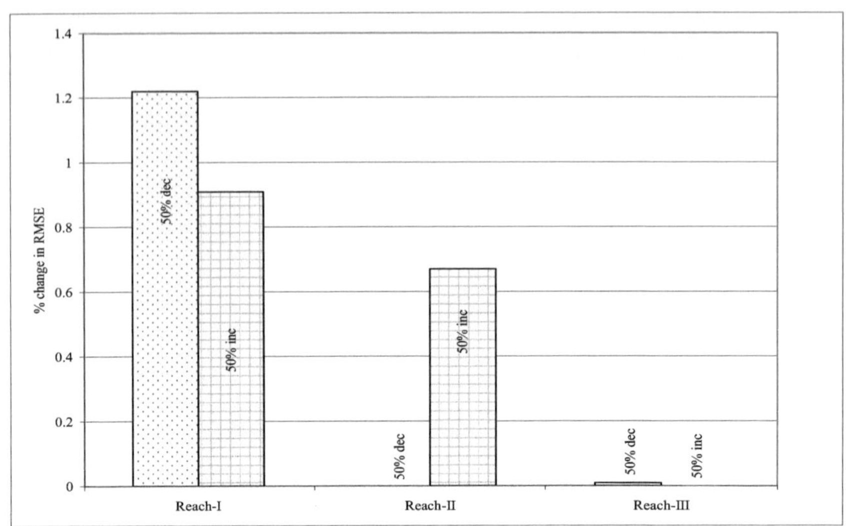


Figura 5.27 Variação percentual do erro RMSE em relação ao RMSE de referência para um aumento e uma diminuição de 50% no coeficiente de rugosidade.

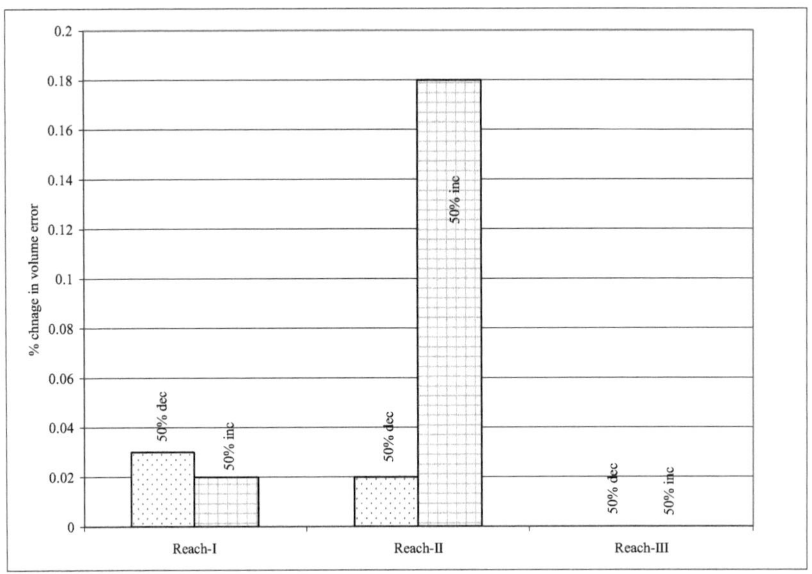


Figura 5.28 Variação percentual do erro de volume em relação a um volume de referência para um aumento e uma diminuição de 50% do coeficiente de rugosidade.

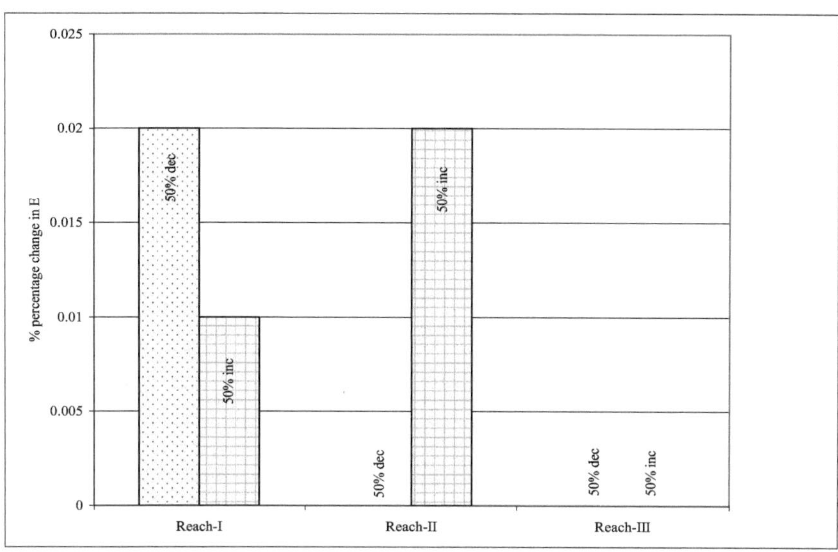


Figura 5.29 Variação percentual do coeficiente de eficiência (E) em relação a um E de referência para um aumento e uma diminuição de 50% do coeficiente de rugosidade.

### 5.3. 2Análise de sensibilidade para o declive (S)

A análise de sensibilidade indica que a alteração do parâmetro de declive tem efeitos distintos nos parâmetros K e X. Um aumento do declive conduz a uma diminuição do parâmetro K e a um aumento do parâmetro X.

As Figuras 5.30 a 5.33 mostram como as variações no declive do curso de água afectam o caudal de pico, a forma e o volume dos hidrogramas para os três eventos selecionados. Em geral, um aumento do declive resulta em velocidades de fluxo mais elevadas, levando a uma redução do tempo de desfasamento e a um aumento aparente da magnitude do pico de descarga.

A análise das variações da inclinação em 50% revela que o erro relativo em todas as estatísticas de desempenho consideradas se mantém abaixo dos 2%. Por conseguinte, uma variação de 50% na inclinação tem um impacto mínimo no processo de encaminhamento.

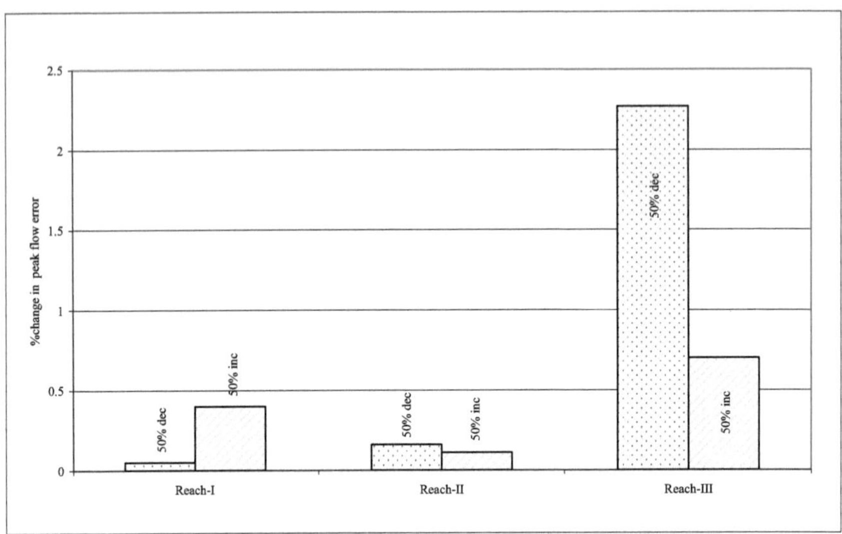


Figura 5.30 Variação percentual do erro do caudal de ponta em relação ao caudal de ponta de referência para um aumento e uma diminuição de 50% do declive do canal.

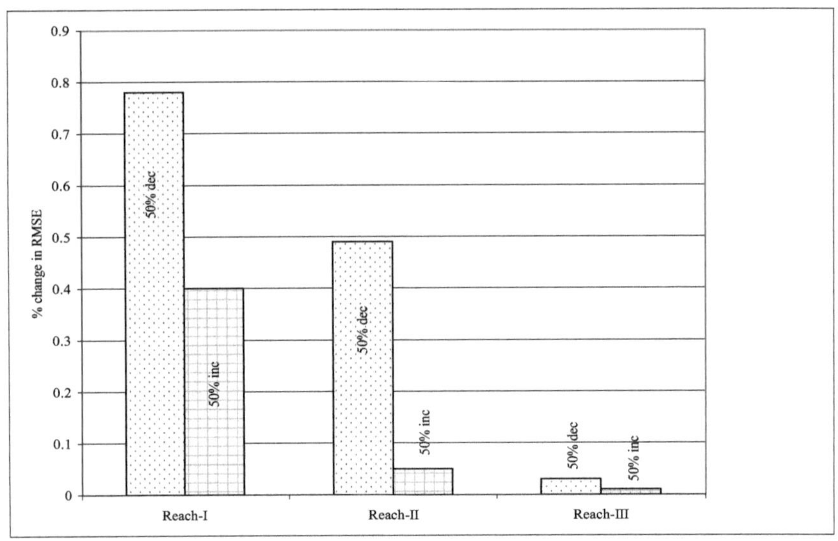


Figura 5.31 Variação percentual do erro RMSE em relação ao RMSE de referência para um aumento e uma diminuição de 50% do declive do canal.

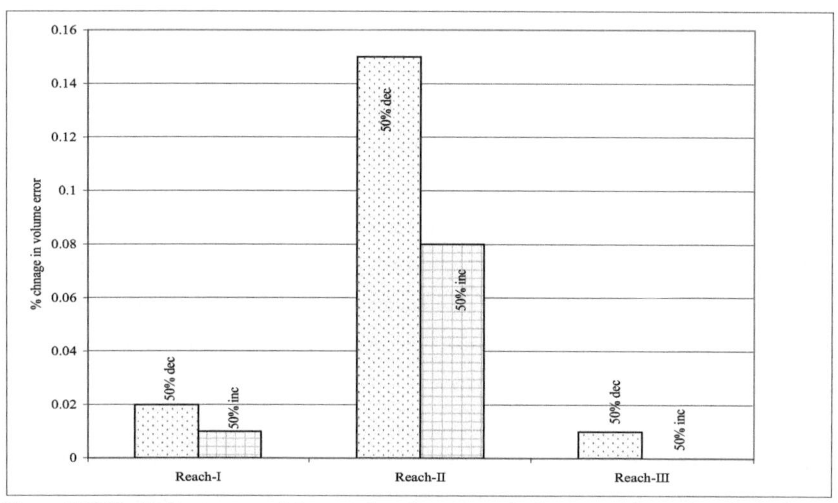


Figura 5.32 Variação percentual do erro de volume em relação a um volume de referência para um aumento e uma diminuição de 50% do declive do canal.

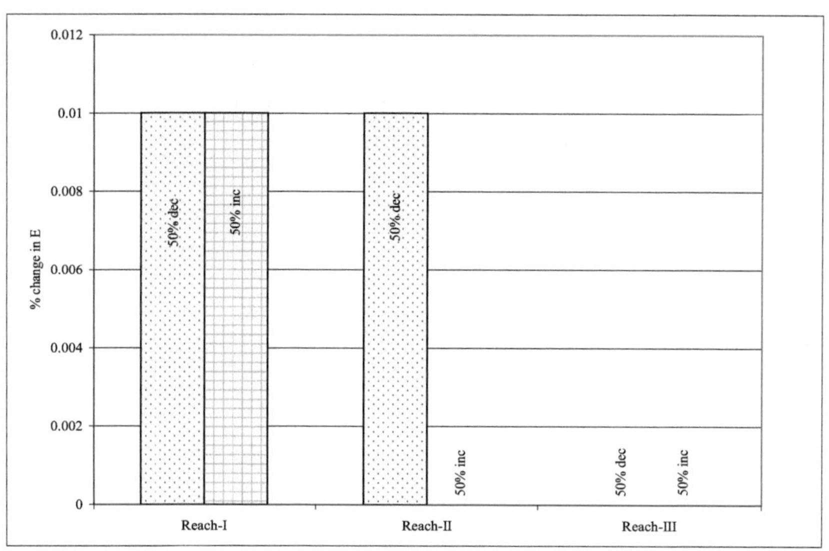


Figura 5.33 Variação percentual do coeficiente de eficiência (E) em relação a um E de referência para um aumento e uma diminuição de 50% do declive do canal.

## 5.3. 3Análise de sensibilidade para a geometria do canal

Espera-se que a alteração da geometria da secção do canal afecte os parâmetros K e X. Como mostra o Quadro 4.1 (Secção 4), a relação entre a velocidade cinemática da onda (celeridade) e a velocidade média para canais rectangulares largos é maior do que para canais de secção triangular e parabólica. A relação entre a celeridade e a velocidade para um canal de secção triangular é maior do que para um canal de secção parabólica. A partir da análise de sensibilidade, observou-se que as alterações nos erros de pico de caudal são menores para uma secção triangular. As Figuras 5.34 a 5.37 mostram o efeito da variação da geometria do canal a partir de uma secção parabólica nas alterações do caudal de ponta, da forma e do volume dos hidrogramas para os três eventos selecionados.

A sensibilidade do caudal à geometria do canal mostra que há uma diminuição do RMSE e um aumento dos coeficientes de eficiência (E) quando há uma mudança na geometria de secções rectangulares para parabólicas e triangulares.

Estes resultados mostram que diferentes formas geométricas assumidas têm um efeito sobre os hidrogramas calculados. No entanto, as estatísticas de desempenho variam menos de 1%, pelo que se conclui que a seleção da forma da secção transversal não é importante para o encaminhamento de cheias utilizando o método MC-E.

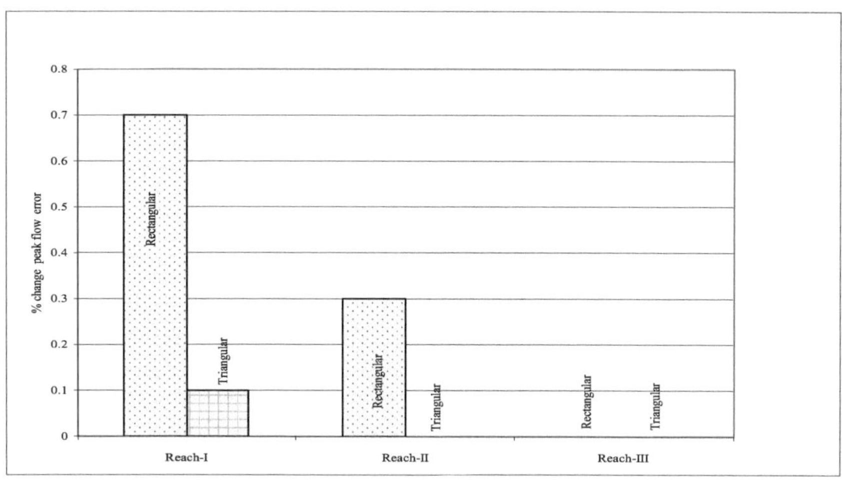


Figura 5.34 Variação percentual do erro do caudal máximo em relação ao caudal máximo de referência para uma alteração da geometria do canal.

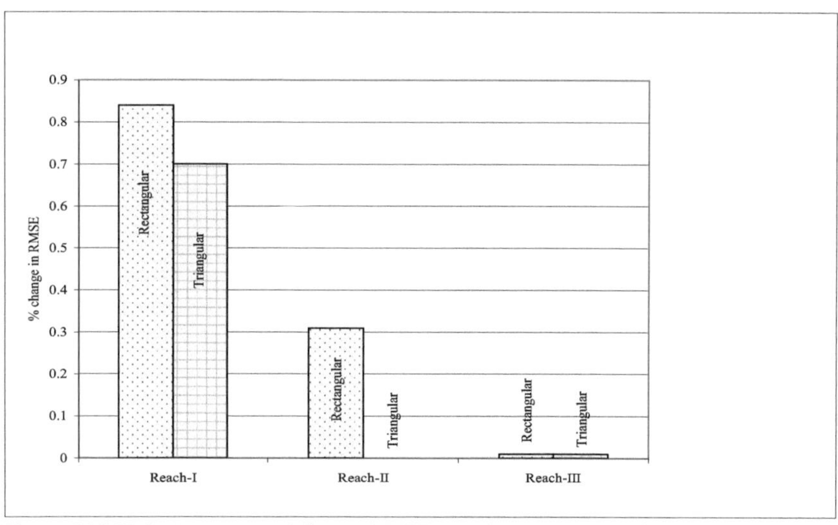


Figura 5.35 Variação percentual do erro RMSE em relação ao RMSE de referência para uma alteração da geometria do canal.

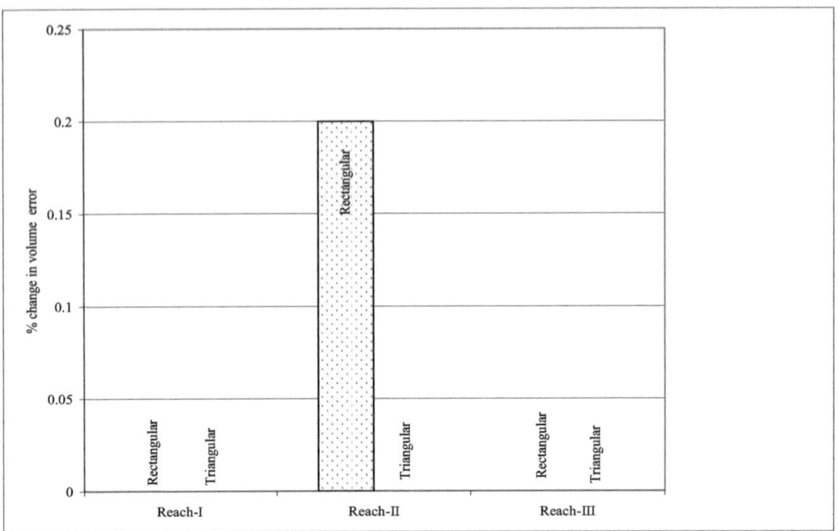


Figura 5.36 Variação percentual do erro de volume em relação ao volume de referência para uma alteração da geometria do canal.

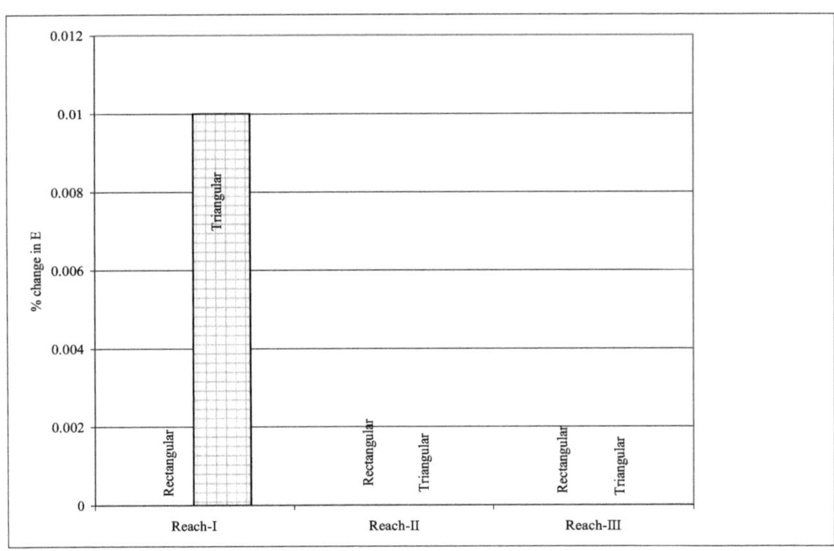


Figura 5.37 Variação percentual do coeficiente de eficiência (E) em relação a um E de referência para uma alteração da geometria do canal.

# 6. DISCUSSÃO E CONCLUSÕES

As técnicas hidrológicas de encaminhamento de cheias são amplamente aceites e amplamente utilizadas na prática da engenharia. A capacidade de prever a alteração da magnitude e da celeridade de uma onda de inundação à medida que se propaga ao longo dos rios ou através de albufeiras torna o encaminhamento das cheias importante na conceção de estruturas hidráulicas e na avaliação da adequação das medidas de proteção contra as cheias. No entanto, na prática, apenas um número limitado de estações de medição está disponível, e mesmo os dados de escoamento medidos ou aferidos são frequentemente pouco fiáveis. O estabelecimento de estações de medição é uma tarefa dispendiosa, e os custos de manutenção e de serviço são significativos.

Os factores considerados ao selecionar estações de medição adequadas para registos de caudal incluem a disponibilidade e a qualidade dos dados, e a adequação do curso do rio para estimar os parâmetros de encaminhamento de cheias utilizando os métodos Muskingum. Neste estudo, foram selecionadas extensões de diferentes comprimentos para avaliar a influência do comprimento do rio na aplicação de métodos de encaminhamento de cheias. Alguns hidrogramas observados tinham registos irrealistas, provavelmente devido a problemas técnicos ou à aquisição incorrecta de dados. Assim, a qualidade dos dados foi cuidadosamente examinada antes de selecionar eventos para calibrar os métodos de encaminhamento de cheias do Muskingum.

Os resultados dos métodos M-Cal e M-Ma apresentaram volume e forma razoavelmente semelhantes aos dos hidrogramas observados. Uma vez que a Trincheira II e a Trincheira III são extensões longas, foram adicionadas entradas laterais ao método de encaminhamento de cheias. No entanto, a adição de afluências laterais aos hidrogramas calculados nas Trincheiras II e III não foi suficiente para obter os picos observados, mas resultou em descargas de pico de escoamento maiores do que as descargas de pico de entrada, como é evidente nos dados observados. Uma vez que a adição de afluências laterais, tal como utilizada neste estudo, considera apenas os caudais derivados do mesmo evento de precipitação que resultou nos hidrogramas, a sub-simulação de afluências laterais pode ser atribuída a afluências de outras bacias hidrográficas causadas por eventos de precipitação diferentes.

Os hidrogramas calculados utilizando o método M-Ma ajustam-se melhor aos hidrogramas de escoamento observados para os que têm dados de boa qualidade e uma descarga uniformemente crescente do que os hidrogramas calculados utilizando o método M-Cal. No entanto, ambos os métodos produziram resultados aceitáveis com erros inferiores a 20% para a maioria das estatísticas consideradas. Ambos os métodos tiveram um melhor desempenho em troços mais curtos, onde o efeito do afluxo lateral não é significativo. No entanto, os parâmetros do método M-Ma só são derivados a partir de hidrogramas observados e não é possível aplicar o método M-Ma em bacias hidrográficas não cobertas por redes de drenagem. Os parâmetros do método Muskingum-Cunge podem ser derivados das caraterísticas do alcance e do caudal. Assim, o método de Muskingum-Cunge, com parâmetros estimados empiricamente (MC-E), e o método de Muskingum-Cunge, com variáveis estimadas a partir de uma secção presumida (MC-X), foram aplicados em bacias hidrográficas não cobertas.

Os valores estimados das variáveis de caudal nos métodos MC-E e MC-X foram praticamente iguais neste estudo, resultando em hidrogramas de escoamento computados semelhantes. Os hidrogramas de escoamento calculados utilizando os métodos MC-E e MC-X apresentaram erros aceitáveis para a magnitude do pico de caudal, o momento do pico, o volume e pequenos valores de RMSE. Além disso, os coeficientes de eficiência do modelo (E) também se aproximaram de um na maioria dos casos, indicando que as formas dos hidrogramas eram muito semelhantes às dos hidrogramas observados. Por conseguinte, pode concluir-se que os métodos MC-E e MC-X podem ser aplicados em troços não cobertos por barragens onde não estão disponíveis conjuntos de dados observados.

Tal como referido nas secções anteriores, a seleção de uma secção presumida requer uma inspeção no terreno para selecionar uma secção representativa para estimar variáveis no método MC-X. A seleção é um procedimento subjetivo, que pode resultar em diferentes hidrogramas calculados para diferentes cenários no mesmo curso de água. Por outro lado, embora os parâmetros do método MC-E possam ser estimados a partir de equações empíricas, os métodos não são subjectivos e produzem os mesmos hidrogramas calculados para diferentes cenários no mesmo curso de água. Por conseguinte, recomenda-se que o método MC-E seja aplicado para planear inundações em bacias hidrográficas não cobertas.

A partir da análise de sensibilidade, é evidente que o desempenho do método MC-E é insensível à estimativa exacta do coeficiente de rugosidade, e uma variação de 50% no coeficiente de rugosidade resultou numa alteração de menos de 1% de erro para todas as estatísticas de desempenho consideradas. Do mesmo modo, verificou-se que o desempenho não é sensível à geometria do canal. Assim, a partir deste estudo, pode concluir-se que o método de encaminhamento de cheias Muskingum-Cunge, com parâmetros estimados utilizando o método MC-E, pode ser utilizado para encaminhar hidrogramas em troços não medidos nas bacias hidrográficas de Thukela, e postula-se que o método pode ser utilizado para encaminhar cheias noutros rios não medidos na África do Sul.

# 7. RECOMENDAÇÕES

Na metodologia utilizada, os erros podem ser inerentes a várias etapas efectuadas. Por exemplo, os dados originais do caudal observado foram convertidos de altura do nível para caudal, assumindo condições de caudal em estado estacionário. Adicionalmente, o declive dos rios, extraído de um modelo digital de elevação, foi calculado como média e não tem em conta os sumidouros e quedas de água ao longo do curso do rio. Além disso, o cálculo do tempo de viagem utilizando hidrogramas, a aproximação do raio hidráulico, o coeficiente de rugosidade e a extração do declive a partir do modelo digital de elevação, tal como referido na secção de metodologia do estudo, podem também introduzir outros erros. Os pressupostos assumidos na estimativa das variáveis e a subjetividade na interpretação e recolha de dados no terreno foram outros factores que afectaram o procedimento de encaminhamento.

Assumiu-se que as extensões utilizadas neste estudo eram uniformes. No entanto, os três troços utilizados (rios Klip e Mooi) têm larguras e secções transversais variáveis, e fazem meandros, bem como têm diferentes coberturas vegetais dentro do troço. A descarga está relacionada com as dimensões do canal usando fórmulas empíricas que foram desenvolvidas para diferentes condições do rio. Além disso, o pressuposto de linearidade do método Muskingum-Cunge ao longo do curso do rio pode também introduzir erros nos hidrogramas calculados. Tendo em conta todos os pressupostos acima referidos feitos neste estudo para a previsão de cheias em bacias hidrográficas não cobertas por redes de drenagem, são feitas as seguintes recomendações:

( i ) As fórmulas empíricas e os coeficientes de rugosidade da base devem ser verificados a nível regional e relacionados com os registos históricos de escoamento para verificar as fórmulas empíricas,

( ii ) O declive de um curso e o coeficiente de rugosidade requerem experiência prática para serem determinados de forma realista. Por conseguinte, o declive e a rugosidade estimados devem ser verificados com base em cenários práticos,

( iii ) Os hidrogramas calculados não se ajustam tão bem aos hidrogramas observados em extensões mais longas (i.e., Trincheira-II e Trincheira-III) em comparação com uma extensão curta (Trincheira-I). Este facto pode ser explicado pela estimativa inadequada dos influxos laterais para o rio principal. Assim, o caudal lateral para o rio principal requer um estudo a nível regional para estimar os coeficientes, como o $\beta$,

( iv ) O caudal transbordante não pode ser simulado pelo método Muskingum-Cunge. Por conseguinte, estes casos necessitam de mais estudos ou de modificações para considerar as cheias que transbordam das margens, e

( v ) Os métodos não são aplicáveis a hidrogramas de subida acentuada. Por conseguinte, é necessário realizar mais investigação para aplicar o método de Muskingum a caudais com velocidades elevadas em bacias hidrográficas não avaliadas.

# 8. REFERÊNCIAS


Aldama AA (1990) Least-squares parameter estimation for Muskingum flood routing. *Journal of Hydraulic Engineering,* 116 (4): 580-586.

Aldridge BN e Garret JM (1973) *Roughness coefficients for stream channels in* Arizona: Relatório No. (-.) US Geological Survey em colaboração com USA, Arizona, Arizona Highway Department.

Angus GR (1987) *A distributed version of the ACRU model.* Dissertação de mestrado não publicada, Departamento de Engenharia Agrícola, Universidade de Natal, Pietermaritzburg, RSA.

Arcement GJ Jr and Schneider VR (1989) Guide for Selecting Manning's Roughness Coefficients for Natural Channels and Flood Plains [Internet]. Imprensa Técnica de Oklahoma, EUA, Okalahoma. Disponível em: https://shorturl.at/tzBEF [Acedido em 15 de julho de 2024].

Barfield BJ, Warner RC e Haan CT (1981) Applied Hydrology and Sedimentology for Distributed Areas. Oklahoma Technical USA, Oklahoma, Press.

Bauer SW e Midgley DC (1974) *A simple procedure for synthesising direct runoff hydrographs*. Relatório No. 1/74. Unidade de Investigação Hidrológica do Departamento de Engenharia Civil, Universidade de Witwatersrand, Joanesburgo, RSA.

Bauer SW (1975) *Multiple Muskingum flood routing including flow losses and reservoir storages*. Relatório n.º 3/75. Unidade de Investigação Hidrológica do Departamento de Engenharia Civil, Universidade de Witwatersrand, Joanesburgo, RSA.

Blackburn J e Hicks FE (2001) Combined flood routing and flood level forecasting. *Proceedings of the 15th Canadian Hydro Technical Conference*, Canadian Society for Civil Engineering, Victoria British Columbia, Canadá, 345-350.

Bray DI (1982) Regime equations for mobile Gravel-bed Rivers. In: - ed. RD Hey, JC Bathurst e C R Thronne *Gravel bed rivers*, Ch. 19. John Wiley and Sons. EUA, Nova Iorque, 517-552.

Caldecott RE (1989) *A distributed model for hydrograph simulation and routing*. Dissertação de mestrado não publicada, Departamento de Engenharia Agrícola, Universidade de Natal, Pietermaritzburg, RSA.

Charlton FG, Brown PH e Benson RW (1978) *The hydraulic geometry of some gravel bed rivers in Britain*. Report No. IT 180, Hydraulics Research Station, UK, Wallingford.

Choudhury P, Shrivastava RK e Narulkar SM (2002) Flood routing in river networks using equivalent Muskingum inflow. *Journal of Hydrologic Engineering* 7(6): 413-419.

VT Chow (1959) *Open Channel Hydraulics*, EUA, Nova Iorque, McGraw-Hill.

VT Chow, Maidment DR e Mays LW (1988) *Applied Hydrology*. EUA, Nova Iorque, McGraw-Hill.

Clark PB e Davies SMA (1988) Application of regime theory to wadi channels in desert conditions. In: White WR (ed.) *International Conference on River Regime:* Paper B3. Hydraulics Research Limited, Wallingford, UK, 67-82.

Cowan WL (1956) Estimating hydraulic roughness coefficients (Estimativa dos coeficientes de rugosidade hidráulica). *Journal of Agricultural Engineering*, 37 (7): 473-475.

Cunge JA (1969) On the subject of a flood propagation method. *Journal of Hydraulics Research,* 7 (-): 205-230.

DWAF (2003) Hydrological Information Systems [Internet]. Departamento de Recursos Hídricos e Florestas, Pretória, RSA. Disponível em: https://www.dws.gov.za/Hydrology/ [Acedido em 24 de abril de 2024].

Enciclopédia do Mestre das Nações (2004) Rio Thukela [Internet]. Enciclopédia, Free Software Foundation Inc. EUA, Boston. Disponível em: http://www.nationmaster.com/encyclopedia/Tugela-River. [Acedido em 19 de maio de 2004].

ESRI (2000) Environmental System Research Institute, pacote de software GIS and Mapping, Califórnia, EUA.

Etcheverry BA (1915) *Irrigation Practice and Engineering, Vol. II Conveyance of Water.* EUA, Nova Iorque, McGraw-Hill.

Feng P e Xiaofang R (1999) Method of flood routing for multibranch rivers. *Journal of Hydraulic Engineering,* 125 (3): 271-276.

France PW (1985) Hydrologic routing with a microcomputer. *Advanced Engineering Software*, 7 (1): 8-12.

Fread DL (1981) Flood routing: a synopsis of past, present, and future capability. *Actas do simpósio internacional sobre modelação da precipitação e escoamento*, Universidade do Estado do Mississippi, Mississippi, EUA, 521-541.

Fread DL (1998) Descrição teórica do modelo FLDWAV do NWS [Internet]. Hydrologic Research Laboratory Office of Hydrology, National Weather Service (NWS) Maryland, EUA. Disponível em: https://shorturl.at/jrBS2 [Acedido em 24 de abril de 2024].

Fread DL (1993) Flow routing. In: Maidment DR (ed.) *Handbook of Hydrology*. Ch. 10. EUA, Nova Iorque, McGraw-Hill, 1-36.

SK Garg (1992) *Irrigation Engineering and Hydraulics Structures*, Khanna Publishers, India, Delhi.

Gelegenis JJ e Sergio ES (2000) Analysis of Muskingum equation-based flood routing schemes. *Journal of Hydrologic Engineering,* 5 (1):102-105.

Gill MA (1978) Flood routing by the Muskingum method. *Journal of Hydrology,* 36: 353-363.

Gill MA (1992) Solução numérica da equação de Muskingum. *Journal of Hydraulic Engineering,* 118 (5): 804-809.

Green IRA e Stephenson D (1985) *Comparison of Urban Drainage Models for Use in South Africa*. Relatório No. 115/6/86. Comissão de Investigação da Água, Pretória, RSA.

Haktanir T and Ozmen H (1997) Comparison of hydraulic and hydrologic routing on three long reservoirs. *Journal of Hydraulic Engineering,* 123 (2): 153-156.

Heggen RJ (1984) Univariate least squares Muskingum flood routing. *Boletim de Recursos Hídricos*, 20 (1):103-107.

Herbst PH (1968) *Flood Estimation for Ungauged Catchments*. Relatório No. 46. Division of Hydrology, Department of Water Affairs, Pretória, RSA.

Hey RD e Thorne CR (1986) Stable channels with mobile gravel Beds, *Journal of Hydraulic Engineering*, ASCE, 112 (8): 671-689.

Kellerhals R (1976) Stable channels with gravel paved beds. *Journal of Waterways and Harbours Division,* 102 (7): 813-829.

PE KenBohuslay (2004) Hydraulic design manual [Internet]. Divisão de Projectos do Departamento de Transportes do Texas. Texas, EUA, Disponível em: https://shorturl.at/mEHV3 [Acedido em 4 de maio de 2024].

Klaassen GJ e Vermeer K (1988) *Channel Characteristics of the Braiding Jamuna River, Bangladesh.* Delft Hydraulics, Países Baixos. In: ed. White, WR, *International Conference on River Regime*. Paper E1. Hydraulics Research Limited, Reino Unido,

Wallingford, 173-189.

Koegelenberg FH, Lategang MT, Mulder DJ, Reinders FB, Stimie CM e Viljoen PD (1997) Channels. In: Kegelenberg FH (ed.) *Irrigation Design Manual*, Ch.7. Institute for Agricultural Engineering, Silverton, RSA, 1-26.

Kundzewicz ZW e Strupczewski WG (1982) Approximate translation in the Muskingum model. *Journal of Hydrological Sciences*, 27 (-): 19-17.

Kundzewicz ZW (2002) Prediction in ungauged basins; A systemic perspective [Internet]. Centro de Investigação do Ambiente Agrícola e Florestal, Academia Polaca de Ciências, Polónia, Bukowska. Disponível em: https://shorturl.at/aDGT1 [Acedido em 24 de abril de 2024].

Mapa turístico da KZN (2003) Mapa turístico da KZN 1:100 000. AC BRABY & Tourism KZN, Pinetown, RSA.

Lacey G (1930) Stable channels in alluvium, *Minutes of Proceedings of Institute of Civil* Eng, 229 (-):259-292.

Lacey G (1947) A general theory of flow in alluvium, *suplemento do Journal*, Eng. Civil, n.º 8, artigo 5518, 425-451.

Land & Water Australia (2004) Stream roughness-Cowan method [Internet]. The river team, Austrália, Camberra. Disponível em: http://www.rivers.gov.au/roughness/cowan.htm. [Acedido em 1 de julho de 2004].

Lawler EA (1964) Flood routing, In: *Handbook of Applied Hydrology* (ed.) Secção 25-II. River Division, US Army Corps of Engineers, Ohio, EUA, 35-58.

Limerinos JT (1970) Determination of the Manning coefficient from measured bed roughness in natural channels. US Geological Survey Water Supply Paper No.1898-B. Departamento de Recursos Hídricos da Califórnia, Califórnia, EUA.

Linsley RK, Kohler MA e Paulus JLH (1982) *Hydrology for Engineers.* EUA, Nova Iorque McGraw-Hill.

Linsley RK, Kohler MA e Paulus JLH (1988) *Hydrology for Engineers.* EUA, Nova Iorque McGraw-Hill.

Moramarco T e Singh VP (2001) Simple method for relating local stage and remote discharge. *Journal of Hydrologic Engineering,* 6 (1): 78-81.

McCarthy GT (1938) The unit hydrograph and flood routing. In: US Army Corps of Engineers (ed.) *Proceedings of Conference of North Atlantic Division*. Gabinete de Engenheiros dos EUA. EUA, Providence.

Mohan S (1997) Parameter estimation of non-linear Muskingum models using genetic algorithm. *Journal of Hydraulic Engineering*, 123 (2):137-142.

Muthiah P, O'Connell PE e Raju KGR (2001) Field application of a variable-parameter Muskingum method. *Journal of Hydrologic Engineering*, 6 (3):196-207.

Mutreja KN (1986) *Applied Hydrology*. Tata McGraw-Hill, Índia, Nova Deli.

Nash JE e Sutcliffe JV (1970) River flow forecasting through concetual models. Part I -A discussion of principles. *Journal of Hydrology*, 10 (2):82-290.

NERC (1975) Flood routing studies. Relatório n.º V-III, Conselho de Investigação do Ambiente Natural, Reino Unido, Londres.

Nixon M (1959) A study of bank full discharge of the rivers in England and Wales, *Proceedings of the Institution of Civil Engineers*, 12 (-): 157-174.

NRCS (1972) Flood Routing [Internet], Serviço de Conservação de Recursos Naturais, Departamento de Agricultura dos EUA, Beltsville, EUA. Disponível em: https://rb.gy/jazit2
[Acedido em 24 de abril de 2024].

O'Donnell T (1985) Um procedimento direto de três parâmetros do Muskingum incorporando o influxo lateral. *Hydrological Sciences*, 30 (4): 497-495.

O'Donnell TP, CP and Woods RA (1988) An improved three-parameter Muskingum routing procedure. *Journal of Hydraulic Engineering,* 114 (5): 516-529.

Perumal M e Raju KGR (1998) Variable-parameter stage-hydrograph routing method. I: Teoria. *Journal of Hydrologic Engineering,* 3 (2):109-114.

WV Pitman e Stern JA (1981) *Design flood determination in SWA-Namibia*: Relatório No. 14/81. Universidade de Witwatersrand, Joanesburgo, RSA.

Ponce VM (1989) *Engineering Hydrology*. Prentice-Hall Inc., Nova Jersey, EUA.

Ponce VM e Yevjevich V (1978) Muskingum-Cunge method with variable parameters. *Journal of the Hydraulics Division,* 104 (12): 1663-1667.

Ponce VM, Lohani AK e Scheyhing C (1996) Verificação analítica do trajeto Muskingum-Cunge. *Journal of Hydrology Amsterdam,* 174 (-): 235-241.

Punmia BC e Pande BBL (1981) *Irrigation and Waterpower Engineering*, Standard Publishers Distributors, Delhi, Índia.

Reed DW (1984) A *review of British floods forecasting practice*. Relatório. No. 90. Hydrology of Institute, Reino Unido, Willington.

SAICEHS (2001) Quality Flow Measurements at Mine Sites [Internet]. Science Applications International Corporation Environment and Health Science Group, Idaho, Environment Protection Agency Falls, EUA. Disponível em: https://rb.gy/521ogg. [Acedido em 24 de abril de 2024].

Savenije HHG (2003) A largura de um canal cheio de margens; explicação da fórmula de Lacey. *Journal of Hydrology* 276 (2003): 176-183.

Shaw EM (1994) *Hydrology in Practice*. TJ press (Padstow) LTD, Reino Unido, Cornwall.

Shen HW e Julien PY (1993) Erosion and Sediment Transport. In: Maidment DR (ed.) *Handbook of Hydrology,* Ch. 12. EUA, Nova Iorque, McGraw-Hill, 1-61.

Schulze RE, SD Lynch, Smithers JC, Pike A e Schmidt EJ (1995) Statistical output from ACRU. In: Schulze RE (ed.) *Hydrology and Agrohydrology: A Text to Accompany the ACRU 3.00 Agro hydrological Modelling System*, AT Ch. 21. Comissão de Investigação da Água, Pretória, RSA, 1-35.

Schulze RE, Howe BJ Lynch SD, Maharaj M e Melvile-Thomson B (1997) South African Atlas of Agrohydrology and-Climatology. Comissão de Investigação da Água, Pretória, RSA.

Schulze RE e Taylor V (2002) Hydrology for Environment, life and policy [Internet]. Iniciativa da Bacia Hidrográfica de Thukela Catchment KZN, África do Sul. Disponível em: http://www.riob.org/ag2002/Thukela.htm [Acedido em 12 de abril de 2004].

Simons DB e Albertson ML (1963) Uniform water conveyance Channels in alluvial material. TASAE, 128 (3399).

Singh VP e McCann RC (1980) Some notes on Muskingum method of flood routing. *Journal of Hydrology*, 48: 343-361.

Singh VP (1988) *Rainfall-Runoff Modeling*. Prentice USA, New Jersey, Hall.

Singh VP e Woolhiser AD (2002) Mathematical modelling of watershed hydrology (Modelação matemática da hidrologia de bacias hidrográficas). *Journal of Hydrologic Engineering,* 7 (4): 270-292.

Smithers JC and Caldecott RE (1993) Development and verification of hydrograph routing in a daily simulation model. *Water SA,* 19 (3): 263 - 267.

Smithers JC e Caldecott RE (1995) Hydrograph Routing. In: Schulze RE (ed.) *Hydrology and Agro-hydrology: A Text to Accompany the ACRU 3.00 Agro-hydrological Modelling System.* AT Ch. 13. Comissão de Investigação da Água, Pretória, RSA, 1-10.

Smithers JC (2003) Converter séries temporais de incremento variável em séries temporais de incremento fixo Programa FORTRAN. Engenharia de Bioresources da Escola e Hidrologia Ambiental, KwaZulu-Natal da Universidade, Pietermaritzburg, RSA.

Mapa da África do Sul (1989) 1:50 000 Mapa da África do Sul. Direção Principal: Surveys and land Information, Pretória, RSA.

SPSS11 (2003) Statistical Software Package, Chicago, EUA.

Thukela Basin Consultants (2001) *Thukela Water Project Feasibility Study Engineering (Estudo de viabilidade do projeto de água de Thukela)*

*Relatório principal das investigações*. Relatório nº PBV000-00-3199. Departamento de Recursos Hídricos e Florestas, Pretória, RSA.

Tung YK (1985) River flood routing by non-linear Muskingum method. *Journal of Hydraulic Engineering*, 111 (12): 1447-1460.

US Army Corps of Engineers (1993) River Hydraulics [Internet]. US Army Corps of Engineers Manual 1110-1-1416, USA, DC, Washington. Disponível em: https://rb.gy/1p0ti3. [Acedido em 24 de abril de 2024].

US Army Corps of Engineers (1994a) Engineering Design and Flood-Runoff Analysis. [Internet]. US Army Corps of Engineers Manual 1110-2-1417, EUA, DC Washington. Disponível em: https://rb.gy/77mkle.[Acedido em 15 de abril de 2024].

US Army Corps of Engineers (1994b) Methods for Predicting n Values for the Manning Equation [Internet], US Army Corps of Engineers Manual 1110-2-1601, Washington DC, EUA. Disponível em: https://rb.gy/gze1c0. [Acedido em 24 de abril de 2024].

Viessman W, Lewis GL e Knapp JW (1989) *Introduction to Hydrology*. Harper and USA, Nova Iorque, Row.

Wilson BN e Ruffin JR (1988) Comparação de métodos Muskingum de base física. *Transacções da ASAE,* 31 (-): 91-97.

Wilson EM (1990) *Engineering Hydrology*. MacMillan, China, Hong Kong.

# 9. APÊNDICES

## Apêndice A

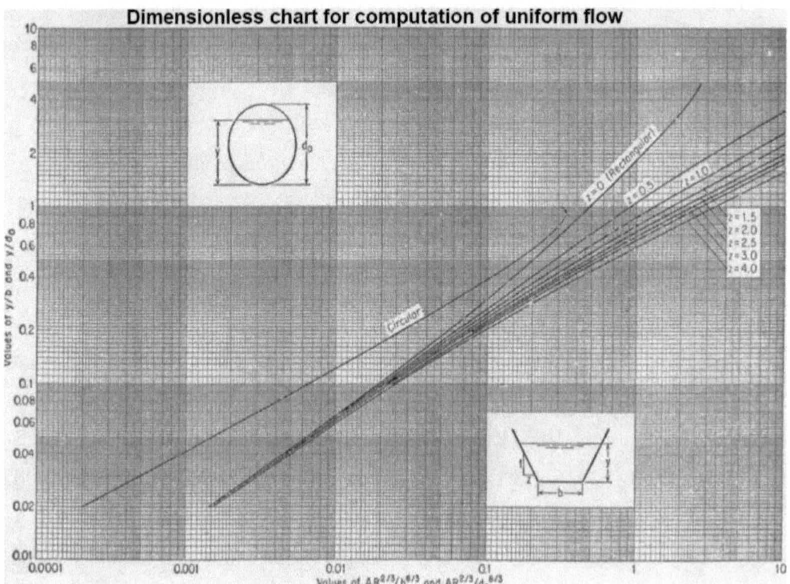


Figura A.38 Curvas para a determinação da profundidade normal (Chow, 1959).

Quadro A.31 Propriedades geométricas das formas gerais dos canais (Koegelenberg *et al.*, 1997).

| Sketches | 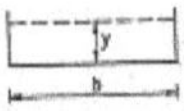 | 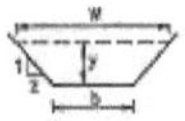 | 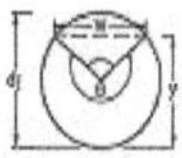 | 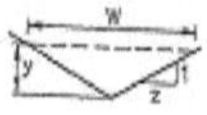 |  |
|---|---|---|---|---|---|
| Cross sectional shape | **Rectangular** | **Trapezoidal** | **Circular (> ½ full)** | **Triangular** | **Parabolic** |
| Area (A) | $by$ | $(b + zy)\,y$ | $\frac{d_i^2}{8}\left(2\pi - \frac{\pi\theta}{180} + \sin\theta\right)$ | $zy^2$ | $\frac{2yW}{3}$ |
| Wetted perimeter (P) | $b + 2y$ | $b + 2y\sqrt{1 + z^2}$ | $\frac{\pi d_i\,(360 - \theta)}{360}$ | $2y\sqrt{z^2 + 1}$ | $W + \frac{8y^2}{3W}$ |
| Top width (W) | $b$ | $b + 2zy$ | $(\sin\frac{\theta}{2})\,d_i$ | $2zy$ | $\frac{3A}{2y}$ |
| Hydraulic radius (R) | $\frac{by}{b + 2y}$ | $\frac{(b + zy)y}{b + 2y\sqrt{1 + z^2}}$ | $\frac{45d_i}{\pi(360-\theta)}\left[2\pi - \frac{\pi\theta}{180} + \sin\theta\right]$ | $\frac{zy}{2\sqrt{z^2 + 1}}$ | $\frac{2yW^2}{3W^2 + 8y^2}$ |
| Hydraulic mean depth ($D_m$) | $y$ | $\frac{(b + zy)y}{b + 2zy}$ | $2\pi - \frac{\pi\theta}{180} + \sin\theta$ | $\frac{y}{2}$ | $\frac{2y}{3}$ |

NB:θ é medido em graus.

Printed by Books on Demand GmbH, Norderstedt / Germany